A. Ruhlandt

magia naturalis

Magie in einer Welt der Wissenschaft

MMXX

FSC
www.fsc.org
MIX
Papier aus verantwortungsvollen Quellen
Paper from responsible sources
FSC® C105338

Bibliografische Information der Deutschen Nationalbibliothek:
Die Deutsche Nationalbibliothek verzeichnet diese Publikation in der Deutschen Nationalbibliografie; detaillierte bibliografische Daten sind im Internet über http://dnb.dnb.de abrufbar.

Für Fragen und Anregungen:
info@magia-naturalis.com

Herstellung und Verlag:
BoD – Books on Demand, Norderstedt
ISBN: 978-3-7504-8702-4

magia-naturalis.com

Seht ihr den Mond dort stehen?
Er ist nur halb zu sehen,
Und ist doch rund und schön!
So sind wohl manche Sachen,
Die wir getrost belachen,
Weil unsre Augen sie nicht sehn.

MATTHIAS CLAUDIUS
Abendlied (3. Strophe)

Inhaltsverzeichnis

Vom Wesen der magia naturalis 9

Von vergangenen Zeiten 13

Von den natürlichen Kräften 25

Von Quelle und Charakter der Kraft 29

Von den natürlichen Erscheinungen 33

Kräfte des Himmels und der Erde 35

Kräfte der Tiere 45

Kräfte besonderer Gegenstände 47

Vom Freisetzen großer Kräfte 51

Vom Bewahren einer Kraftquelle 67

Vom Verstärken und Schwächen 79

Von der magnetischen Wirkung 85

Vom Wirken der Kraft 87

Von Blitzen und Schlägen 91

Von Leben und Tod 101

Von Glimmen und Leuchten 105

Von Feuer und Wind 113

Vom Bewegen und Schweben 119

Von Wasser und Eis 129

Vom Versenden eines Funkens 137

Vom Wirken der Wunder 141

Von gefährlichen Wirkungen 159

Vom Geist der Wunder 165

Anhang **177**

Zeittafel 179
Abbildungen 183
Literaturhinweise 187
Stichwortverzeichnis 193

Erstes Kapitel

Vom Wesen der *magia naturalis*

In früheren Zeiten galt es als wahrhaftiger Höhepunkt einer jeden Ägyptenreise, die große Pyramide von Gizeh zu erklimmen. An keinem anderen Ort ließ sich bei einem heiteren Picknick eine derart atemberaubende Aussicht über das Niltal genießen. Eine Gruppe kräftiger Ägypter stand bereit, die Besucher und ihre Proviantkörbe hinauf zu wuchten. Unerschrocken waren sie schon viele Male die steilen, von Sand rutschigen Stufen in die schwindelerregende Höhe von fast 140 Metern geklettert. Doch an diesem Tag im Jahre 1859 sollte ihr Mut auf die Probe gestellt werden. Bereits während des Aufstiegs zog ein ungewöhnlich kalter Sandsturm herauf, der das Bauwerk in einen immer trüber werdenden Dunst hüllte. Die Gesellschaft setzte ihren Weg dennoch fort. Als sie den Gipfel aber endlich erreicht hatten, dauerte es nicht mehr lange, bis die Einheimischen verängstigt die Flucht ergriffen. Ihre entsetzten Schreie „Zauberei, Zauberei!" waren selbst im Sturmgetöse noch zu hören. In der Höhe hatten die Ägypter nicht etwa Rituale und Beschwörungen erlebt, noch hatten sie die Macht von Geistern und Dämonen zu spüren bekommen. Stattdessen war es die Wirkung der *magia naturalis*, die ihnen einen gewaltigen Schrecken eingejagt hatte – Erscheinungen einer natürlichen Magie, die von den fremden Reisenden auf undurchsichtige Weise beherrscht wurde.

Die Spuren der *magia naturalis* reichen hunderte Jahre zurück. Noch im Mittelalter galt sie vielerorts als verbotene Kunst, die vom Pfad der Tugend ablenkte. Als sich diese Zeit aber ihrem Ende zuneigte und Raum für neue Ideen frei wurde, erlebte sie eine unvergleichliche Blütezeit. Immer mehr Menschen ergründeten eigenartige Erscheinungen, verborgene Phänomene und ihre elementars-

ten Grundsätze. Als besonders spektakulär erwiesen sich Praktiken, durch den gekonnten Gebrauch von Tierfellen und Siegellacken, eigentümlichen Kristallen oder gläsernen Kugeln eine mysteriöse Kraft hervorzubringen. Eine Kraft, die vor allen anderen Dingen erahnen ließ, welche wunderhaften Möglichkeiten der Natur innewohnen. Mit ihrer Hilfe ließen sich Feuer, Wasser, Luft und Erde beeinflussen, sie konnte verletzen und heilen, manche Dinge zum Festhaften und andere zum Schweben bringen. Einigen Anwendern verlieh sie ungeahnte Fähigkeiten, welche diese in exklusiven Salons, dunklen Kammern oder auf Jahrmärkten ihrem staunenden Publikum präsentierten. Bald vollbrachten sie im Kleinen, was zuvor den Göttern vorbehalten schien.
Eine der machtvollsten Fähigkeiten dieser Kraft war es aber, Geister und Dämonen aus den Köpfen und Herzen der Menschen zu vertreiben. Ihr Wirken hat einen kaum zu unterschätzenden Beitrag geleistet, unser Weltbild für immer zu verändern – so dass wir uns heute ihrer wundersamen Magie kaum mehr bewusst sind.
In den folgenden Kapiteln wollen wir dem Wirken dieser Kraft nachspüren, von ihren vielseitigen Erscheinungen, ihrer Entdeckung und Beherrschung bis hin zu ihrem Einfluss auf das Denken der Menschen, von den Geistern und Dämonen der Antike bis in unsere heutige Welt der Wissenschaft und Technik. Wir werden sehen, wie durch kunstvolle, flinke Bewegungen mächtige Wirkkräfte scheinbar aus dem Nichts geschöpft werden. Wir werden dem Auftauchen fragiler Muster nachspüren, welche verborgene Spuren der Kraft nachzeichnen. Wir wollen geisterhaft lodernden Flammen, die sich durch Wasser nicht löschen lassen und keinerlei Schaden anrichten, genauso auf den Grund gehen wie besonderen Glocken, die von selbst zu läuten beginnen, sobald ein bedrohliches Unwetter heraufzieht – bevor wir schließlich zu den Ereignissen auf der Pyramide zurückkehren.

Von vergangenen Zeiten

In der alten Universitätsstadt Göttingen gibt es einen Bibliothekssaal, der die letzten hundert Jahre fast unverändert überdauert hat. Im obersten Stockwerk, direkt unter dem Dach, drängen sich meterhohe, dezent verzierte Holzregale. Auf halber Höhe werden sie umrundet von Stegen, Galerien und Brücken, zu denen schmale Treppen mit schmiedeeisernen Geländern führen. Keine Computer, keine modernen Arbeitsplätze lenken von den tausenden Büchern aus vergangenen Jahrhunderten ab, welche die Regalböden dicht bevölkern. Nicht einmal Kugelschreiber dürfen verwendet werden. Es sind Orte wie dieser, an denen sich die bemerkenswertesten Dinge entdecken lassen. Man findet Berichte von Reisen in einstmals unerforschte Gebiete, Sammlungen alter Trauerreden und in einem der oberen Gänge, elegant beschriftet mit „*physica in genere*“, zahlreiche Werke zur Magie – Sammelbände von seltsamen Vorfällen, Bücher über Geister, Hexen, Zauberer und Beschwörungen, die selten jünger als zweihundert Jahre sind.

Besucher sind immer wieder erstaunt, dass es solche Bücher wirklich gibt und dass sie in der Universität gesammelt wurden. Vor allem verwundert sie aber, dass die Werke ausgerechnet in der Abteilung der Physik zu finden sind. Gemeinhin wird diese exakte Wissenschaft, mit ihrem Versuch, alle Phänomene der Natur durch abstrakte Gesetze zu beschreiben, doch als Gegenteil der Magie angesehen. Widersetzen sich übernatürliche Wirkungen und Wunder nicht jeder rationalen Erklärung? Doch bei genauerem Hinsehen erkennt man, dass die Zuordnung mit Bedacht vorgenommen wurde. Der Inhalt jener Bände ist die Geschichte der *magia naturalis*, die von den Dämonen der Antike bis in die heutige Zeit reicht. Sie handeln von wahrhaftigen Wundern,

Abbildung 1: Ein Raum voller Wunder: Der Heyne-Saal.

großen Gelehrten, geschickten Scharlatanen und vor allem von den verborgenen Kräften der Natur, die auf vielseitige und oft unerwartete Weise hervortreten können.

Für die Menschen der Antike war die Welt bevölkert von zahlreichen Göttern und Geistern. Der Glaube an Musen, Nymphen und Heroen gehörte genauso zum Alltagsleben wie der Glaube an unzählige *Dämonen*: geisterhafte Mittelwesen zwischen Menschen und Göttern, deren Fähigkeiten den menschlichen oft überlegen waren. Als Hilfsgeister vermittelten sie zwischen der irdischen und göttlichen Welt, überbrachten Gebete und Opfergaben. Zudem waren sie für alle verborgenen Naturphänomene verantwortlich, wie dem Verdunsten des Wassers, der Entstehung des Alkohols im Traubensaft oder der Alterung aller Dinge. Sie kümmerten sich um die Belange der Menschen, begleiteten sie auf ihrem Lebensweg, brachten geniale Ideen, Reichtum, Schutz und Heil, aber auch Schaden und Verderben, wie Unfruchtbarkeit und Krankheiten.

Die Erklärung der Welt durch das Wirken solcher Wesen, die man sich nach menschlicher Art mit Verstand und eigenen Absichten vorstellte, führte geradewegs zur Annahme, dass man mit ihnen Kontakt aufnehmen, ihr Handeln und damit den Lauf der Dinge beeinflussen könne. Genau wie man versuchte, die höchsten Götter durch Gebete und Opfer gnädig zu stimmen, lag es nahe, etwa den Dämon des Weines zu bitten, mehr Alkohol herzustellen, auf die Dämonen des Schicksals einzuwirken um zukünftige Ereignisse in Erfahrung zu bringen oder auf die Weisheit der Ahnen zuzugreifen. Daraus leitet sich der Grundsatz der Magie des Abendlandes ab, welcher Jahrhunderte lang bestehen sollte: Der Mensch allein ist nicht fähig, übernatürliche Handlungen zu bewirken. Durch Rituale, machtvolle Worte oder Zeichen kann er aber mediale Helfer wie Geister und Dämonen dazu bringen, die Handlungen mit ihrer übermenschlichen und außernatürlichen Macht stellvertretend auszuüben.

Auch im aufkommenden Christentum mit seinem einen Gott stellte man die Existenz und Wirkmacht solcher Wesen nicht in Frage. Neben den Engeln und niederen Geistern der Bibel blieb zunächst genug Platz für die traditionellen Dämonen und Naturgeister. Sogar viele der antiken Gottheiten und mythische Gestalten lebten in Form von Dämonen im Volksglauben weiter. Dies änderte sich aber schon bald durch Gelehrte wie AUGUSTINUS VON HIPPO, der das Bild der Magie bis weit über das Mittelalter hinaus prägte. Noch in der Spätantike, im vierten Jahrhundert, verdammte er in einem Feldzug gegen die zahlreichen alten Götter der antiken Welt die Dämonen als böse, verführerische Wesen, die von den Menschen eine Verehrung einforderten, die ihnen nicht zustehe. Der als Götzendienst gebrandmarkte Umgang mit ihnen setzte seiner Ansicht nach eine Art Übereinkunft voraus, eine Verabredung von Zeichen und Symbolen zur Kommunikation. Aus dieser Vereinbarung sollte sich der „Teufelspakt" entwickeln, die Vorstellung, dass jedwede magische Handlung einen Pakt mit dem vermeintlichen Herrscher der Dämonenwelt voraussetze. Opfergaben für die alten Geister und das traditionelle Verehren besonderer Orte wurden mit hohen Strafen belegt oder christlich umgedeutet. Trotzdem blieben magische Praktiken auch im beginnenden Mittelalter tief in der Gesellschaft verwurzelt und spielten eine kaum zu überschätzende Rolle. In Fragen der Liebe, dem Schutz vor bösen Geistern, der Wahrsagerei, der Beeinflussung des Wetters oder der Heilung wurde nicht alleine auf die Kraft von Gebeten und Geistlichen vertraut.

Im nachfolgenden Hochmittelalter begann man, die Praktiken und Vorstellungen in mehrere Arten der Magie zu unterteilen. Gläubige Menschen konnten nach damaliger Ansicht durch fromme Handlungen wie Beten oder Fasten durchaus die göttliche Macht erhalten, böse Dämonen zu bezwingen. Das Vollbringen übernatürlicher Handlungen mit Hilfe der Dämonen, die *magia demoniaca*, setzte hingegen stets den Bund mit dem Teufel voraus und war streng verboten. Doch einige Gelehrte erkannten auch die Existenz weiterer, in der Natur verborgener okkulter Kräfte an, mittels derer die Weisen völlig ohne dämonische Hilfe eine Vielzahl an Wundern wirken konnten. Um das Jahr 1200 führte WILHELM VON AUVERGNE dafür den Begriff *magia naturalis* ein, also etwa „natürliche Magie", „Naturmagie" oder „Magie der Natur". Dazu zählte er geheimnisvolle und unverstandene Erscheinungen in der Natur, wie das plötzliche Entstehen von Würmern in der Erde, die magnetische Anziehung und die Wirkung heilender Kräuter, aber auch die mächtigen Fähigkeiten, welche man fantastischen Wesen wie den Basilisken zuschrieb. Die *magia naturalis* selbst wurde nicht als Böse angesehen, ihre Nutzung aber dennoch verboten. Man fürchtete, dass einige ihrer Wunder so überwältigend sein könnten, dass sie mit denen von Dämonen oder Göttern verwechselt würden, was leichtgläubige Menschen zu gefährlichem Irrglauben verleiten könnte. Jeder, der

Abbildung 2: Eine Hexe mit ihren Dämonen.

sich mit solcher Magie beschäftigte, musste weiterhin hohe Strafen fürchten.

Gleichwohl zogen auch gegen Ende des Mittelalters noch „weiße“ Kräuterhexen[1] durch die Lande und boten ihre Dienste an. Schutzamulette fanden nach wie vor reißenden Absatz und noch immer waren Quellen und besondere Bäume im Volksglauben von Geistern und Dämonen bevölkert und wurden entsprechend verehrt. Den tiefen Glauben an die Möglichkeiten der Magie bezeugt aber vor allem die große Angst vor bösen Hexen und Teufelsbündlern. Mit dem Ende des Mittelalters hatte sie ein solches Ausmaß erreicht,

[1] Heute meist mit dem Begriff „cunning folk“ beschrieben.

dass eine Welle von Hexenverfolgungen losbrach, die tausende unschuldige Menschen das Leben kostete.

In dieser Zeit, um 1500, versuchten Gelehrte wie HEINRICH CORNELIUS AGRIPPA VON NETTESHEIM einen Freiraum in der Enge kirchlicher Dogmen zu schaffen und eine Möglichkeit zu finden, sich legal mit Magie zu beschäftigen. Wie er in seinem Frühwerk *De Occulta Philosophia*[2] schrieb, stellte die „magische Wissenschaft" für ihn die „absolute Vollendung der edelsten Philosophie" dar und er empörte sich, „dass es bis anhin noch nie jemand unternommen hat, diese erhabene und heilige Disziplin vom Geruche der Gottlosigkeit zu befreien". In der Folge gelang es tatsächlich, das erlaubte Wissen zu vergrößern, indem die *magia naturalis* zu einer „Wissenschaft und Weisheit von den göttlichen Kräften in der Natur und Schöpfung" erklärt wurde. In diesem Rahmen fiel es schwer, sie zu verbieten, und sie etablierte sich schließlich als dritte Form neben der spirituellen und teuflischen Magie. Manche Gelehrte sahen die Beschäftigung mit der Magie konsequent als ein Gebiet der Physik an.

Der Begriff der Wissenschaft war zu jener Zeit noch nicht klar von Theologie, Alchemie und Philosophie abgegrenzt und darf nicht im heutigen Sinne verstanden werden. Man sammelte und sortierte antikes Wissen, aus dem man durch Diskussionen und logische Schlüsse neue Einsichten abzuleiten versuchte. An den frühen Universitäten wurde Astrologie gelehrt und mit der Alchemie experimentiert. Große Wissenschaftler und Astronomen wie TYCHO BRAHE oder JOHANNES KEPLER fertigten selbstverständlich auch die königlichen Horoskope an. Gleichzeitig wurden vermeintliche Magier und „Malefizpersonen" diffamierend als „Mathematiker" bezeichnet. Viele Ursachen und Wirkungen waren noch nicht bekannt. Der „magischen Wissenschaft" wurden seltsame Erscheinungen des Wetters, heilende und berauschende Wir-

[2] Vom Titel dieses Werkes „Über die geheime Philosophie" leitet sich die heutige Bedeutung des Begriffes „okkult" ab.

kungen von Pflanzen genauso zugeordnet wie Elemente der Alchemie, Astrologie und Zahlenlehre. Weiter zählte man Disziplinen wie *transformatio corporum* hinzu, die Verwandlung der Körper, oder *verba facere*, die Lehre von der Schaffung und Anwendung von Wörtern, die Macht besitzen. Einige Inhalte der *magia naturalis* waren geeignet, Schaden zuzufügen und hatten somit große Ähnlichkeit zur *magia demoniaca*. Die Gelehrten bewegten sich noch immer gefährlich nah am Verbotenen.

Dennoch bot die *magia naturalis* eine Möglichkeit, sich mit magischen Ideen zu beschäftigen – wenn sie denn nur auf vermeintlich natürliche Ursachen zurückgeführt werden konnten. Der Freiraum öffnete sich also nicht, ohne einen Preis zu fordern: Er verlangte nicht weniger als eine Änderung des Weltbilds. Nicht mehr der beeinflussbare Wille der Geister und die Willkür der Götter entschieden über das Schicksal der Menschen, sondern unbestechliche, emotions- und absichtslose Regeln und Naturgesetze. Musste man sich früher fragen, wie genau die Magie anzuwenden sei, wie man die Geister zu beschwören und ihnen Anweisungen zu geben habe, so lautete die zentrale Frage nun, was die Ursachen der Phänomene sein könnten: Was steckt hinter den Wundern der Natur? Warum fasziniert (*fascinatio* bedeutet „Bezauberung") ein Bild, ein Gedicht, eine Idee oder eine Melodie? Wie heilen die Kräuter?

Antworten auf diese Fragen begann eine neue Methode zu liefern, die in jener Zeit mit einer unvergleichbaren wissenschaftlichen Revolution aufkam. Ausgehend von der Erkenntnis, dass die Erde nicht das Zentrum des Universums ist, brachten neue Beobachtungen alte Weltbilder ins Wanken. Überprüfbare Experimente wurden an die Stelle überlieferter Glaubenssätze gestellt. Immer genauere Beobachtungen der Vorgänge und Phänomene führten zu immer tieferen Einsichten in die natürlichen Abläufe und Gesetzmäßigkeiten. Diese Entwicklung machte auch vor der jungen „magischen Wissenschaft" nicht Halt. Die Annahme natürlicher Ursachen erlaubte es, die Natur nach den Grundlagen ihrer Wunder zu befragen, anstatt nur darüber zu philosophieren. Die neue Methodik nahm die Magie im Sturm ein, befreite sie vom Aberglauben, sezierte die Phänomene, legte die Grundsätze offen, sortierte und katalogisierte sie. Schon bald wurden keine Menschen mehr als Hexen verbrannt, die Erklärungsmacht der Wissenschaft verdrängte den Glauben an die Magie. Letztere war schlicht nicht mehr nötig, um die Welt zu verstehen. Der *magia naturalis* standen durch die aufkommenden Naturwissenschaften faktisch mehr Erkenntnisse und Möglichkeiten zur Verfügung als jemals zuvor, doch wurde sie im Bewusstsein der Menschen völlig durch ebendiese Wissenschaften verdrängt. In letzter Konsequenz wurde selbst die Religion immer weiter entmythologisiert.

Dabei profitierte auch die neue Naturwissenschaft von ursprünglich magisch anmutenden Gedanken. Als der große Gelehrte ISAAC NEWTON im Jahr 1727 starb, fanden sich in seinem Nachlass neben 369 Büchern, die sich der Mathematik und Physik zuordnen lassen, auch 170 Werke, welche Magie zum Inhalt haben. Es ist nicht unwahrscheinlich, dass ihn letztere zu einigen genialen Gedanken inspiriert haben. Noch eine Generation vor NEWTON hatten viele Gelehrte ein sehr mechanisches Bild der Erde und des Universums. Sie gingen davon aus, dass die Planeten an gigantischen kristallenen Sphären befestigt seien, die sich mit atemberaubender Geschwindigkeit um die Erde drehten. Die Idee, dass die Pfade himmlischer Körper stattdessen durch berührungslose Kräfte gelenkt werden, die auf unerklärliche Weise von anderen Körpern ausgehen, wie es NEWTONS berühmtes Gravitationsgesetz aussagt, widersprach dieser alten Lehrmeinung grundlegend. Unendlich weit reichende Kräfte, mittels derer alle Dinge des Universums ganz ohne eine materielle Verbindung wechselwirken, durch die alles von allem abhängt, klangen in den Ohren von NEWTONS Zeitgenossen wohl nicht besonders rational.

Das Bild der *magia naturalis* jener Zeit wird in ZEDLERS erstem deutschsprachigen „Grossen vollständigen Universal-Lexicon aller Wissenschafften und Künste“ von 1731–1754 zusammengefasst als

> Geschicklichkeit vermittelst natürlicher, aber dabey verborgener Kräffte und Ursachen seltsame und ungewöhnliche Würckungen hervor zu bringen. Anders: [...] geheime oder verborgene Natur-Lehre oder Physik. [1]

Dabei wurde die *magia naturalis* selbst schon auf verschiedene Weisen gegliedert, wie es in Abbildung 3 dargestellt ist. Aus dieser Zeit stammt die Mehrzahl der Bücher zur „natürlichen Magie", welche die beginnende Vorherrschaft der heutigen Naturwissenschaften auf einmalige Art und Weise veranschaulichen. NETTESHEIM zeigte in seiner *De Occulta Philosophia* auf, wie sich Rituale, die Lehre der vier Elemente, Numerologie und Astrologie in der Medizin, der Alchemie oder zum Vorhersagen der Zukunft nutzen ließen. Schon 1558 erweiterte GIAMBATTISTA DELLA PORTA viele solcher Ideen in seiner zwanzigbändigen „populärwissenschaftlichen" Serie „magia naturalis", mit Themen wie Medizin, Metallurgie, Gifte, Kosmetik und unsichtbarer Schrift. Dort findet sich noch ein Rezept für Hexensalbe neben der Bauanleitung für einen Fesseldrachen. Zahlreiche Autoren legten ähnliche Werke vor, so zum Beispiel WOLFGANG HILDEBRAND im Jahr 1663 mit erstaunlich vielen Rezepten zum Färben der Haare. Vor allem im 18. Jahrhundert entstand eine unüberschaubare Vielzahl solcher Bände.
Besonders populär im deutschen Sprachraum war das ab 1700 herausgegebene Werk „Unterricht von der Magia naturali", von JOHANN NIKOLAUS MARTIUS. Es beinhaltet noch vorwiegend symbolische Heilungsriten. So sollte sich beispielsweise Fieber behandeln lassen, indem ein Ei im Urin des Erkrankten gekocht – und anschließend abgepellt in einem Ameisenhaufen vergraben wurde. Das Übel wird symbolisch auf einen Gegenstand übertragen und dieser anschließend vernichtet[3]. Nachdem aber die wissenschaftli-

[3]Es gibt wohl kaum eine bessere Methode, einen Placeboeffekt auszulösen, sodass eine solche Therapie immerhin besser ist als keine „Behandlung". Glücklicherweise haben die heutigen Medikamente beweisen müssen, dass sie noch besser funktionieren.

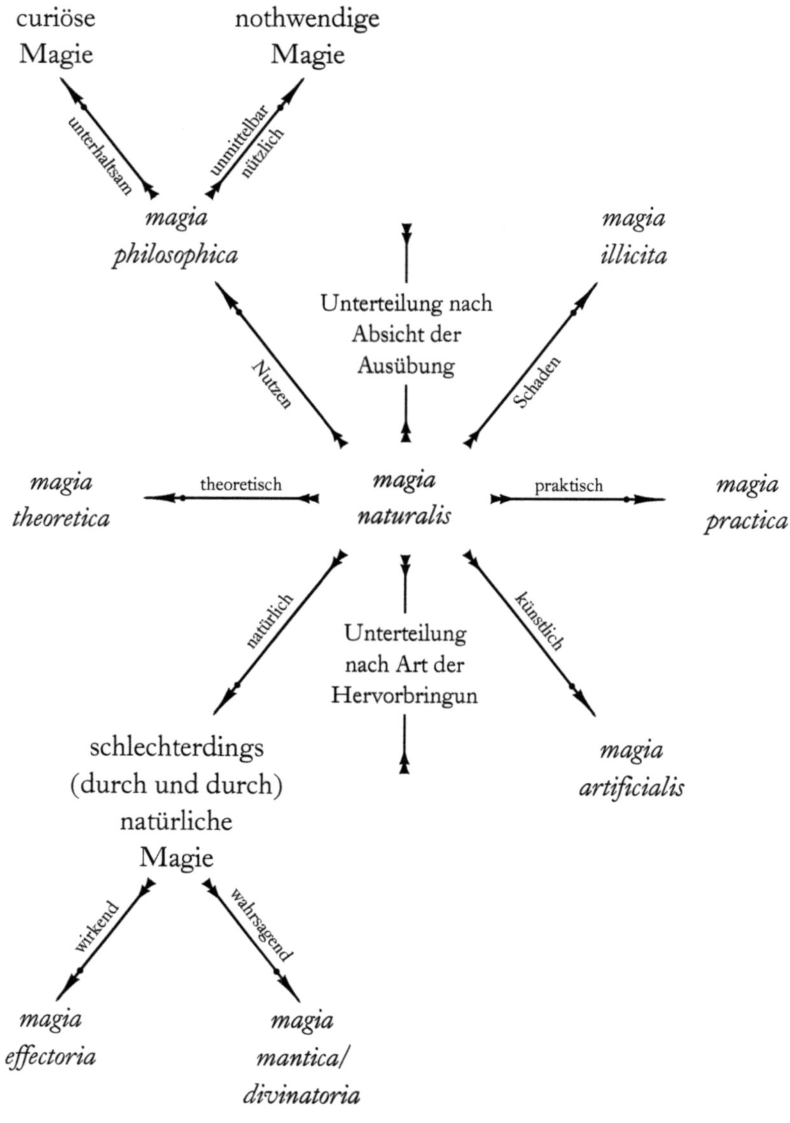

Abbildung 3: Zahlreiche Unterteilung der *magia naturalis* im 18. Jahrhundert. Nach [1]

che Denkweise mit ihrem Appell an Vernunft und Logik in der Epoche der Aufklärung an Fahrt aufgenommen hatte, wurde das Buch völlig überarbeitet. Die Aufklärer kaperten die beliebten Werke der Magie, um den Glauben an übernatürliche Erscheinungen zu bekämpfen. Sie führten die Phänomene auf natürliche Ursachen zurück oder stellten ihnen noch großartigere Naturwunder gegenüber. So widmete sich eine 1779 veröffentlichte Version von JOHANN CHRISTIAN WIEGLEB nicht mehr der Beschreibung und Durchführung, sondern der Erklärung vermeintlich magischer Praktiken sowie der Aufdeckung der Tricks von Schaustellern und Scharlatanen. Noch deutlicher wird dies beim 1783 erschienenen „Natürliche Magie oder Erklärung verschiedener Wahrsager- und Natürlicher Zauberkünste" von FRIEDRICH NICOLAI. Weitere Werke wie WIEGLEBS „natürliches Zauber-Lexicon" oder die Reihe „Magie oder die Zauberkräfte der Natur" von JOHANN SAMUEL HALLE machten es sich fortan zur Aufgabe, die Leser auf unterhaltsame Art von den Naturwundern und -phänomenen zu begeistern und durch Experimente zur Nachahmung anzuregen.

Einige der okkulten Inhalte der Magie, darunter die Beschwörung von Geistern und Dämonen, Rituale und Weissagungen, wurden im Lichte der Aufklärung zunehmend als irrational angesehen. Manche wurden von Geheimgesellschaften wie den Freimaurern, welche sich ab dem 18. Jahrhundert gründeten, aufgegriffen und weitergeführt. Über spätere Bünde wie den legendären *Hermetic Order of the Golden Dawn* hatten und haben sie großen Einfluss auf moderne Naturreligionen. Im Alltag findet man heute nur noch Fragmente des alten Glaubens an die Magie, etwa in Worten wie „Hexenschuss" oder „Alptraum", in Bräuchen wie dem Osterfeuer, in Sagen und Märchen. Genauso, wie man die Bücher der *magia naturalis* heute bei den Wissenschaften einordnet, sind auch die eigentlich wirkenden Kräfte und Phänomene vor allem dort zu finden. In der Medizin, Chemie, Physik, Astronomie, Pharmakologie oder der Psychologie scheinen sie an vielen Stellen hervor. Ihre Wirkungen sind die gleichen geblieben und obwohl sie zumeist nicht mehr als verborgen oder geheimnisvoll angesehen werden, sind sie noch immer voller Rätsel. Der lange Prozess der Abgrenzung von allem Aberglauben hat aber auch zu einer Entsinnlichung geführt. Paradoxerweise sind die Phänomene oft versteckt unter vielen Schichten der Abstraktion, mathematischer Symbolik und emotionsloser Nüchternheit, so dass es schwer sein kann, sie zu entdecken und zu erleben.

Die Geschichte der *magia naturalis* zeichnet einige große geistige Leistungen der letzten Jahrhunderte nach. Nur wenige Gelehrte erahnten zunächst, dass selbst die wunderhaftesten Dinge das Ergebnis natürlicher Vorgänge sein können, hervorgebracht ganz ohne die Hilfe höherer Mächte. Langsam entwickelte sich daraus eine völlig neue Weltsicht – das wenig romantische Konzept der Natur als Gesamtheit zweckfreier Körper, welche grundlegenden Gesetzten unterworfen sind. Die Einsicht, dass eine solche Natur es erlaubt, ihre Gesetzmäßigkeiten durch Beobachtungen und Experimente herauszufinden, ermöglichte die Entwicklung der heutigen Naturwissenschaften. Ihr Erfolg bereitete die Grundlage für Aufklärung, Rationalisierung und Industrialisierung, die das neue Weltbild in Rekordzeit verbreiteten und den alten Glauben an höhere Mächte immer weiter zurückdrängten. Damit einher ging eine Ermächtigung der Menschen. Heute kann jeder die Urkräfte der Natur für seine Zwecke nutzen. Es müssen keine Geister oder Dämonen beschworen werden, es ist weder ein Pakt mit dem Teufel noch geheimes Wissen nötig, um wahrhaftige Erscheinungen hervorrufen, deren bezaubernde Wirkungen sich völlig ohne Täuschungen und Ablenkungen der Sinne entfalten.

Von den natürlichen Kräften

JEDES Geschehen in der Welt folgt aus dem Wirken einer Kraft. In der Natur wurden bisher nur vier grundlegende Kräfte entdeckt. Sie allein genügen, um alle bekannten Phänomene hervorzubringen. Sie bestimmen das Verhalten der Elemente, von Wärme und Licht, von unvorstellbar großen Abläufen im Weltall bis zu den ebenso schwer fassbaren Vorgängen im Allerkleinsten. Obwohl man im Laufe der Zeit viel Wissen über sie sammeln konnte, liegen ihre letzten Gründe im Verborgenen. Niemand weiß, *warum* es diese Kräfte gibt, warum es gerade vier sind, warum sie nicht stärker oder schwächer wirken oder warum sie gerade jenen Regeln gehorchen, die wir beobachten. Wir können nur versuchen herauszufinden, *wie* sie sich verhalten.

Eine dieser vier Grundkräfte ist uns so vertraut, dass wir sie kaum mehr bewusst wahrnehmen. Sie wird *Gravitation* genannt, oft auch Schwerkraft, und bewirkt, dass sich alle Massen gegenseitig anziehen – was für uns zuallererst bedeutet, dass Dinge herunterfallen. Die Gravitation bindet uns aber nicht nur an die Erde, sondern gibt auch den Lauf der Himmelskörper vor. Ihre Kraftwirkung reicht unendlich weit und kann durch nichts abgeschirmt werden. Es ist jene Kraft, die Ebbe und Flut entstehen lässt, Galaxien ihre Gestalt verleiht und die Vorgänge aller großen und massereichen Dinge im kosmischen Maßstab bestimmt. Gleichwohl ist die Gravitation aber eine ausgesprochen schwache Kraft. Erst durch die gewaltige Masse der Erde wird sie für uns überhaupt so bedeutend. Der Mond, unser nächster Himmelskörper, bewirkt durch seine Anziehung zwar das Auftürmen des Meerwassers zur Flut, doch fühlen wir uns nicht leichter, wenn er über uns steht oder schwerer, wenn er sich auf der anderen Seite der Erde befindet[4]. Noch weniger spüren wir die Anziehung eines Berges oder Gebäudes. Um diese Kraft nach unseren Wünschen zu formen und die Anziehung für eigene Zwecke auszunutzen, müsste man unfassbar große Massen bewegen.

Im Allerkleinsten, in den Kernen der Atome, aus denen unsere Welt aufgebaut ist, wirken zwei Arten von *Kernkräften*. Sie halten die Bestandteile der Kerne zusammen und sind im Stande, elementare Verwandlungen zu bewirken – von Teilchen der einen in Teilchen einer anderen Art. Dabei reicht ihre Wirkung aber kaum über die Größe der Atomkerne hinaus. So können wir keine der beiden Kräfte direkt wahrnehmen, sie zeigen sich uns nur in wenigen, dafür sehr bedeutenden Vorgängen, wie dem lebensspendenden Scheinen der Sonne oder der todbringenden Radioaktivität einiger Substanzen. In unserem Alltag spielen sie nur eine geringe Rolle.

Die meisten Phänomene unserer Welt werden durch die vierte, die *elektromagnetische Kraft*, hervorgebracht. Im Gegensatz zu den großen Entfernungen, auf denen die Gravitation dominiert und den winzigen Abständen, in denen die Kernkräfte herrschen, zeigt sich ihre Wirkung vor allem in den Bereichen, in denen sich unser Leben abspielt. Aus Gewohnheit und wegen der Vielzahl ihrer Erscheinungen werden die Kraftwirkungen meist unterteilt.

Einigermaßen vertraut sind uns die magnetischen Phänomene. Bereits in der Antike waren natürliche, schwarze Steine bekannt, von denen eine eigentümliche Kraft ausgeht: Einige wenige Metalle, vor allem Eisen, werden von ihnen kraftvoll angezogen. Weniger bekannt ist, dass ein solcher *Magnet* eine viel größere Anzahl von Substanzen mit geringer Kraft abstößt, was man *Diamagnetismus* nennt. Am deutlichsten zeigt sich diese Erscheinung bei einem dünnen Plättchen aus Graphit. Es ist im Stande, dauerhaft und völlig frei

[4] Eine Waage würde uns etwa 0,4 g leichter anzeigen, wenn der Mond über uns stünde, als wenn er sich auf der anderen Seite der Erde befände.

über einem Magneten zu schweben. In starken, künstlichen Magnetfeldern ist es sogar möglich, lebende Tiere schweben zu lassen[5]. Besonders ausgeprägt zeigt sich die magnetische Kraft, wenn sie auf einen weiteren Magnet wirkt. Man beobachtet dabei, dass jeder Magnet zwei verschiedene, gegenüberliegende Pole hat. Egal, wie oft man ihn spaltet, jedes Bruchstück wird genau diese beiden Pole aufweisen. Im Gegensatz zur Gravitationskraft, die immer nur anziehend wirkt, stoßen sich gleichartige magnetische Pole ab, die ungleichen ziehen sich an. Auch die Wirkung dieser Kraft reicht bis in die Unendlichkeit. Da aber immer beide Pole gemeinsam auftreten, nimmt die Stärke der Kraft mit zunehmender Entfernung vom Magneten viel schneller ab als bei der Gravitation.
Schon früh hatte man bemerkt, dass sich Splitter eines Magnetsteins stets in Nord-Süd Richtung ausrichten, wenn sie sich an einem langen Faden oder auf einem Schwimmer im Wasserbad drehen können. Der Pol, der nach Norden zeigt, wurde Nordpol, der gegenüberliegende Südpol genannt. Dieses Wissen wurde von Seeleuten geschätzt, wies die Magnetnadel als *Kompass* doch auch bei Sturm und schlechtem Wetter zuverlässig die Richtung – ein Phänomen, welches lange als das Werk von Dämonen angesehen wurde. Heute wissen wir, dass die Erde selbst ein Magnetfeld hervorbringt, dessen Südpol sich in der Nähe des geographischen Nordpols befindet. Es ist nicht nur stark genug, alle Kompassnadeln der Welt auszurichten. Wie ein erdumspannender Schutzschild bewahrt es uns auch vor einem gefährlichen Strom an Teilchen, der ohne Unterlass von der Sonne auf uns zuschießt. Unzählige technische Errungenschaften und Spielereien basieren auf den magnetischen Kräften. Unseren Alltag beeinflussen sie an viel mehr Stellen, als man es erwarten würde.

[5] Wasser wird von einem Magnet immer abgestoßen. Da Lebewesen zu einem hohen Anteil daraus bestehen, können sie in starken Magnetfeldern schweben. Im Jahr 2000 bekam Andre Geim den Ig-Nobelpreis dafür, dass er unter anderem eine Erdbeere, einen Grashüpfer und einen lebendigen Frosch in einem starken Magnetfeld zum Schweben gebracht hatte.

Noch weitaus variantenreicher als die magnetischen Wirkungen sind die eng damit verwandten elektrischen Phänomene. Sie waren es, die in früheren Zeiten am eindrücklichsten die Möglichkeiten der *magia naturalis* aufzeigten. Sie wurden gleichsam untersucht und genutzt von umherziehenden Magiern, geheimen Zirkeln, wissenschaftlichen Gesellschaften, interessierten Laien, Priestern und Adeligen. Einige Arten, diese Kräfte hervorzurufen, erscheinen nach wie vor wie undurchsichtige Rituale und viele ihrer Erscheinungen haben bis heute eine magische Anmutung bewahrt, da sie selten, subtil und doch wirkmächtig auftreten. Keine andere Kraft ist besser geeignet, um wundersame und faszinierende Erscheinungen hervorzubringen.

Von Quelle und Charakter der Kraft

DIE Quelle der elektrischen Kraft ist in aller uns umgebenden Materie enthalten und extrem machtvoll. Sie wird schlicht als Ladung bezeichnet und es gibt zwei Arten von ihr, die positiv und negativ genannt werden. Niemand weiß, *warum* es diese Ladungen gibt oder *warum* es gerade zwei Sorten sind und nicht mehr oder weniger. Viel sicherer ist man sich hingegen, *wie* sie sich verhalten. Beide Arten kommen gewöhnlich zu gleichen Teilen vor und gehorchen einer einfachen, universellen Regel:

Die Natur strebt stets in einen ausgeglichenen Zustand.

Werden die beiden Ladungsarten voneinander getrennt oder Ladungen einer Art konzentriert, so offenbart sich eine rücktreibende Kraft. Ladungen gleicher Art stoßen sich dabei ab, ungleiche ziehen sich an, bis ein Gleichgewicht hergestellt ist. Je mehr Ladungen man trennt, desto stärker wird diese Kraft – bis sie so stark ist, dass die Ladungen nicht mehr zurückgehalten werden können und sich in einem Blitz ausgleichen. Will man diese Kraft nutzen und zu eigenen Zwecken freisetzen, so muss man vor allem die Trennung der Ladungen beherrschen. Gelingt es, eine große Zahl von gleichartigen Ladungen an einem Ort zu konzentrieren, so geht dauerhaft eine starke Kraft von ihnen aus.
Die Wirkung der elektrischen Kraft lässt sich sehr genau beobachten. So ist bekannt, dass ihre Reichweite unendlich groß ist. Die Stärke jedoch nimmt mit dem Abstand zur Quelle ab:

Verdoppelt man den Abstand, viertelt sich die Stärke der Kraft.

Auch hier ist völlig unbekannt, warum die elektrische Kraft einer so einfachen Regel folgt, die sich mit geraden, ganzen Zahlen ausdrücken lässt. Immer und immer wieder wird nach Abweichung von dieser Regel gesucht, denn schon kleinste Unregelmäßigkeiten würden unser Bild des Universums dramatisch ins Wanken bringen. Ebenso liegt es im Dunkeln, warum die Kraft so extrem stark ist. Könnte man alle positiven und negativen Ladungen eines einzigen Wassertropfens trennen und sie zehn Kilometer voneinander entfernen, so würden sie sich noch immer mit der Zugkraft von eintausend der stärksten Lokomotiven anziehen. Doch welches Gefäß wäre im Stande, die getrennten, gleichartigen Ladungen aufzunehmen? Jedes Material würde einfach explodieren. Es ist diese enorme Stärke der elektrischen Kraft, die dafür sorgt, dass sie meist im Verborgenen bleibt. Keinem Naturvolk, keiner antiken Zivilisation ist es gelungen, die große Kraft zu zähmen und zu nutzen. Ihre Erscheinungen galten stets als Wunder der Götter.

Die elektrische Kraft wirkt auf alles. Wir können mit ihr jeden festen Körper, aber auch die Luft, das Feuer und Flüssigkeiten wie Wasser beeinflussen. Wenn die Kraft stark genug ist, können wir sie direkt spüren. Sie fühlt sich an wie ein sanftes Flirren in der Luft oder wie trockene Spinnweben, die über die Haut streichen. Manchmal nimmt man sie als ein Kribbeln wahr, mal übt sie einen sanften Druck aus, ein anderes Mal einen heftigen Schock. Gegenstände können durch sie zum Schweben gebracht werden, sie vermag es, Funken und Leuchterscheinungen hervorzubringen und kann in unzähligen Situationen wie bei der Heilung von Wunden oder der Übermittlung von Nachrichten dienlich sein. Zudem können sich elektrische und magnetische Kräfte gegenseitig hervorrufen, aus ihrem Wechselspiel entstehen zahllose weitere Phänomene. Selbst das Licht ist eine Erscheinung dieser Kraft.
Jeder nur denkbare Körper kann einfach in einen elektrischen Zustand versetzt werden, wenn man ihn auflädt – also Ladungen von ihm entfernt oder ihm hinzufügt. Die Kraftwirkung der überzähligen Ladungen überträgt sich dabei auf den Gegenstand. Zwei entgegengesetzt geladene Körper ziehen sich an, gleichartig geladene

Dinge stoßen sich ab. Beliebige Gegenstände beeinflussen so einander, ohne dass sie sich berühren müssen. Einen großen Einfluss hat aber auch die Beschaffenheit des Körpers, sein Material und seine Form. Wenn sich die Ladungen im Gegenstand nicht bewegen können, wie etwa in Seide, Glas, Bernstein oder den meisten Kunststoffen, so spricht man von einem *Nichtleiter* oder auch *Isolator*. Können sie sich hingegen bewegen, so ist der Gegenstand ein *Leiter*. Zu diesen gehören alle Metalle, feuchte Gegenstände und auch Lebewesen wie wir Menschen. Viele Arten, elektrische Kräfte hervorzubringen, beruhen auf einem kunstvollen Zusammenspiel von Leitern und Nichtleitern. Vor allem in der Natur entstehen auf diese Weise ganz ohne unser Zutun zahlreiche beeindruckende Erscheinungen, die ihre Betrachter nicht selten voller Ehrfurcht erschauern lassen.

Zweites Kapitel

Von den natürlichen Erscheinungen

DIE elektrischen Kräfte bringen zahlreiche Wunder der Natur hervor. Es hat lange gedauert, bis sie als Folgen der selben Ursache wahrgenommen wurden, denn sie treten häufig unerwartet, an den verschiedensten Orten und in großer Vielfalt auf. Sie sind oft mystisch in ihrer Erscheinung und machtvoll in ihrer Wirkung, beherrschen aber auch ganz subtil und fast unbemerkt unseren Alltag.

Kräfte des Himmels und der Erde

DER Himmel verdüstert sich. Wer kann, sucht einen Unterschlupf und schon prasselt der Regen in dicken Tropfen los, grollt der Donner und erste Blitze schneiden durch die Luft. Blitz und Donner sind die bekanntesten und wohl eindrucksvollsten Phänomene der elektrischen Kraft. Es wundert kaum, dass solche gewaltigen Erscheinungen dem Wirken der Götter zugeschrieben wurden, man denke nur an den nordischen Donnergott THOR oder den Blitze werfenden griechischen Göttervater ZEUS. Heute verortet man den Ursprung eines *Gewitters* in warmer, feuchter Luft, die schnell in so große Höhen aufsteigt, dass ihre Feuchtigkeit in der dortigen Kälte gefriert. So können Wasser, feine Eiskristalle und größere Hagelkörner aneinander reiben, sich aufladen und Ladungen austauschen – Vorgänge, deren Details auch heute noch nicht völlig bekannt sind. Die aufsteigenden Luftmassen erzeugen zudem starke Winde und Turbulenzen, welche die Eispartikel je nach ihrer Form, Größe und Masse weit voneinander trennen, und mit ihnen

Abbildung 4: Ein Gewitter mit schwerem Sturm zieht herauf.

auch die Ladungen der Gewitterwolke. Die elektrische Kraft tritt mit großer Macht hervor, bis sich die Ladungen als Blitze zwischen den Wolken oder zur Erde hin ausgleichen. Eine solche *Entladung* kann mehrere Sekunden andauern und sich mehr als dreihundert Kilometer weit über den Himmel erstrecken. Der Donner entsteht dabei durch die Luft, welche vom Blitz extrem erhitzt wird und sich explosionsartig ausdehnt.

Vielleicht kam durch einen Blitz das erste Feuer zu den Menschen, doch wird dem Gewitter nicht mit Dankbarkeit begegnet. Die verheerenden Brände, die bei einem Einschlag nicht selten entstehen, der Lärm des Donners, peitschender Sturm und die heftigen Regenfälle haben stets große Furcht ausgelöst. Erst seit relativ kurzer Zeit ist es möglich, sich gegen den Einschlag eines Blitzes zu schützen, was erstaunlich ist, angesichts der enormen Kräfte. Diese lassen sich vor allem anhand eines *Fulgurits* erahnen. Viele Blitze hinterlassen beim Einschlag ein besonderes, verästeltes Muster auf dem

Boden. Schlägt ein Blitz aber in Sand oder einen Stein ein, können lange, verästelte „Blitzröhren“ entstehen, die wie Wurzeln tief in den Untergrund ragen. Ihre glasartigen Wandungen bezeugen, dass ein Blitz selbst Gestein mühelos schmelzen kann. Die Hitze kann so gewaltig sein, dass selbst große Felsen gespalten werden. Es sind aber nicht nur Wassertropfen und Eiskristalle, wie bei einem Gewitter, die elektrische Ladungen aufnehmen und abgeben können. Auch der Staub und Sand der Wüsten ist dazu in der Lage. Wenn die Körnchen vom Wind bewegt werden, über den Boden hüpfen und mit anderen Teilchen zusammenstoßen, werden sie stark negativ aufgeladen. Durch die dabei entstehenden elektrischen Kräfte werden immer mehr Körnchen vom Boden mitgerissen und immer mehr Ladungen getrennt. In Sandstürmen können schnell so enorme Kräfte entstehen, dass sich mächtige Blitze im Dunst entladen. Noch viele weitere Arten von Partikeln in der Atmosphäre sind im Stande, Blitze hervorzubringen. Bei heftigen Waldbränden können große Aschemengen aufsteigen und sogenannte *Pyrocumulus*-Wolken bilden, die sich ganz ähnlich wie Gewitterwolken entladen. Besonders beeindruckend ist ein ähnliches Phänomen bei Vulkanen, wo die gewaltigen Kräfte der Erde zu Tage treten. Wenn der Boden grollt und bebt, schließlich dem ungeheuren Druck in der Tiefe nachgibt und einen Gas-, Asche- und Lavastrom kilometerweit in den Himmel schießt, laden sich die Aschepartikel durch Reibung stark auf. Die in die Höhe rasende Eruptionssäule wird häufig von Blitzen umzuckt, Aschewolken flackern unheilvoll auf. An den Schmutzpartikeln kondensiert zudem die Feuchtigkeit der Luft und es entsteht ein starker Regen. Im Angesicht dieser Naturgewalt ist es kaum verwunderlich, dass die Menschen sie mit dem Zorn der Götter zu erklären versuchten. Wie sonst sollten die Kräfte der Erde und des Himmels gemeinsam und mit so entsetzlicher Gewalt auftreten?

Die starken Kräfte in der Atmosphäre rufen aber auch weniger bekannte Phänomene hervor. Viel unauffälliger, ohne lärmenden

Abbildung 5: Kräfte des Himmels und der Erde zeigen sich gemeinsam bei einem Vulkanausbruch.

Donner und zerstörerische Gewalt, entfalten sie eine kaum weniger beeindruckende Wirkung. In alten Zeiten, als noch Segelschiffe die Meere befuhren, berichteten die Seeleute häufig von einem geisterhaften Glimmen und Leuchten der Masten. Auch erzählte man sich von Flammen oder gar Strömen von Feuer, die an den Rahen, Fahnen und Seilen hervortraten, für einige Minuten loderten und dann spurlos verschwanden. Diese Erscheinung wird *Elmsfeuer* oder auch Sankt-Elms-Feuer genannt. Überliefert ist unter anderem eine Schilderung des Seefahrers CLAUDE DE FORBIN aus dem Jahre 1696, als er mit seinem Schiff in ein schweres Gewitter geriet, „wobei erschreckliche Blitze und Donnerschläge entstanden“:

> Weil ich einen starken Sturm befürchtete, ließ ich alle Segel einziehen. Wir sahen auf dem Schiffe mehr als 30 St. Elmsfeuer. Eins unter andern befand sich oben auf dem Windflügel des großen Mastes, welches mehr als 1 Fuß[6] hoch war. Ich schickte einen Matrosen hinauf, es herunter zu bringen. Als er oben war, hörte er dieses Feuer ein Geräusch machen, gerade, als wenn man angefeuchtetes Schießpulver anzündet. Ich befahl ihm, den Flügel abzunehmen und damit herunter zu kommen. Kaum aber hatte er ihn von der Stelle weg genommen, so ging das Feuer davon weg und setzte sich auf die Spitze des Mastes, ohne daß man es davon hätte wegbringen können. Es blieb daselbst ziemlich lange, bis es nach und nach verging. [2]

Man stelle sich nur die Gedanken des armen Matrosen vor! Doch nicht nur zur See sind diese Erscheinungen bekannt. Schon PLUTARCH, ARISTOTELES, HOMER, SENECA, PLINIUS und CÄSAR berichten von diesen Leuchterscheinungen, die sich unter anderem als kleine Sterne über den spitzen Wurfspießen der römischen Soldaten zeigten. Auch an Bäumen, Kirchtürmen und im Gebirge, in der Nähe der Gipfelkreuze, wurden sie in späterer Zeit oft

[6] Über 30 cm.

Abbildung 6: Elmsfeuer an den Masten eines Segelschiffes im Sturm.

gesichtet, vor allem im Winter. Doch auch an Lebewesen kann das Elmsfeuer erscheinen. So findet man zahlreiche Berichte folgender Art:

> Ein Mann ritt in einer dunklen Winternacht bei abwechselndem Schnee, Regen und Hagelschauer [...]. Zu wiederholtem Male sah er Ohren, Kopf und Hals seines Pferdes in hellem bläulichen Lichte stehen, das von einzelnen Funken auf den Spitzen der Haare herzurühren schien. Die Erscheinung hielt einmal 8 Minuten an. [3]

J. G. SPONHOLZ, Prediger zu Lichen, berichtete von einer Reise im „entsetzlichsten Sturmwind“ mit „den schwärzesten Wolken“:

> Der Fuhrmann [bemerkte] oben an seinem Peitschseile Feuer, welches einem kleinen glimmenden Köhlchen glich. Der Pfarrer sah es ebenfalls, und in dem selben Augenblicke wurde er auch verschiedene kleine und spitzig zugehende Flämmchen, ohngefähr ein halbes Glied lang, oben an den Spitzen der Haare seiner rauhen Mütze gewahr [...]. Indem er sehr aufmerksam diesem Spiele zusah [...] meldete ihm der Fuhrmann mit den Zeichen der größten Angst, daß seine Pferde über und über mit Feuer gleichsam bestreut wären. Unversehens aber war er seines Vergnügens wieder beraubt; die Flämmchen waren auf ein Mal weg, ohne daß er hätte wahrnehmen können, wo sie geblieben wären. [4]

Am 3. Mai 1821 war der schweizer Arzt DR. ALLEMAND zu Fuß auf dem Weg zu einem Patienten, als er von einem fürchterlichen Gewitter eingeholt wurde:

> Die Nacht war bereits über Gebühr dunkel, bevor sie nun noch undurchsichtiger wurde, durch den Regen, der in Sturzbächen herabfiel. Allein die regelmäßigen Blitze ermöglichten es mir, die Straße zu erkennen. Unter diesen Umständen sah ich plötzlich ein Licht, das von oben zu kommen schien und als ich

> aufsah, bemerkte ich, dass der Rand meines Hutes leuchtete. In der Annahme, es handle sich um eine echte Flamme und ohne die Zeit nachzudenken, führte ich schnell meine Hand darüber, mit der Absicht, sie zu löschen, doch zu meiner großen Überraschung erschien sie noch lebhafter als zuvor. Ich schüttelte meine Hand, von der das Wasser tropfte, das von meinem Hut rann, und sah sie schimmern wie eine polierte Metalloberfläche, welche ein helles Licht reflektiert. Nun wurde mir ein wenig bange [...]. Ich wiederholte den Versuch, um herauszufinden, ob dieses phosphorische Licht einen Geruch hatte, ob es funkelte oder ein knisterndes Geräusch erzeugte. Ich konnte jedoch kein anderes Phänomen bemerken, als das wunderschöne Licht, das nicht von meiner Hand aufstieg als ich sie öffnete, sondern über sie ausgebreitet schien wie eine strahlende Lackschicht. [5]

Das Elmsfeuer vermag an Orten zu erscheinen, an denen sich nichts Brennbares befindet. Es kann an eisernen Turmspitzen genauso auftreten wie in vereisten Baumkronen. Wenn es an Holz, Tuch, Seilen oder Haaren erglimmt, nehmen sie keinen Schaden. Es ist die Luft selbst, die in einem starken elektrischen Kraftfeld zu leuchten beginnt und dabei kaum warm wird. Doch ist die Erscheinung nicht gänzlich ohne Gefahren: In ihrer Nähe kann es schnell zu Blitzeinschlägen kommen. Im Alltag sind die Sichtungen selten geworden, da die Helligkeit der Straßenlaternen alles Glimmen überdeckt und die Menschen sich kaum noch ungeschützt im Freien aufhalten.

Selbst bei bestem Wetter und wolkenlosem Himmel wirkt noch eine elektrische Kraft in der Atmosphäre. Sie geht von der Erde selbst aus und ist stets so schwach, dass wir sie nicht fühlen können. Wenn man sie aber mit empfindlichen Apparaturen misst, zeigt sie eigentümliche Schwankungen, wie ein Pulsschlag des Planeten: Egal, wo auf der Welt man sich befindet – sei es über dem Meer, den Wäl-

dern oder den Wüsten – überall zugleich ist die Kraft etwa dann am größten, wenn Big Ben in London sieben Uhr abends schlägt. Daraufhin nimmt sie schnell ab und ist am schwächsten, wenn es in London vier Uhr morgens ist. Tagsüber ist sie größer als in der Nacht und im Winter misst man sie etwas stärker als im Sommer.
Ihr Ursprung liegt in den zwei- bis dreitausend Gewittern, die jeden Tag auf der Erde toben. Jede Sekunde wird sie von etwa zehn Blitzen getroffen. Meist hinterlassen sie negative Ladungen, die sich schnell auf der Erdoberfläche verbreiten, aber nur langsam wieder zurück in die Höhe strömen. Diese Aufladung erzeugt das Kraftfeld und seine Stärke ist immer dann am größten, wenn weltweit die meisten Gewitter niedergehen. So spiegeln die elektrischen Kräfte der Erde zahlreiche verborgene Prozesse der globalen Atmosphäre wider, aber auch Eigenarten der näheren Umgebung. Das Kraftfeld wird von Bergen, Bäumen, Häusern und auch Menschen verzerrt. Den größten Einfluss haben aber Wolken und jede Wolkenart verändert es auf eine andere Weise. Besonders die dunklen Wolken eines Gewitters können das Erdfeld in einer Region mühelos umkehren. Ladungen, die gerade noch von der Erde abgestoßen wurden, werden plötzlich zu ihr gezogen.
Starke Verzerrungen des Kraftfeldes zeigen sich zudem in der Umgebung von Wasserläufen. Lebendig sprudelnde Bäche, spritzende Wasserfälle und brechende Wellen umgeben sich mit einem eigenen Kraftfeld, welches um ein Vielfaches stärker werden kann als jenes der Erde. Diese Erscheinung wird Wasserfall- oder *Balloelektrizität* genannt und ist, wie so viele Phänomene, noch immer voller Rätsel. Einige davon werden wir an späterer Stelle genauer betrachten.

Kräfte der Tiere

Wir haben keine speziellen Sinne für die elektrischen Kräfte. Zwar gibt es viele Berichte von Menschen, die das Auftreten von Kopfschmerzen mit Gewittern oder Sandstürmen in Verbindung bringen, doch können wir weder die Stärke noch die Richtung, meist nicht einmal die Anwesenheit der natürlichen Kraftfelder spüren. Was für uns mühsam ist, ist für manche Tiere ein Leichtes. Erstaunlicherweise sind es gerade Fische wie der Hai, die mit feinen Sinnen schon geringste Schwankungen der elektrischen Kraft spüren: Signale, die von den Muskeln ihrer Beute ausgehen.

Die Meister in der Beherrschung der elektrischen Kräfte sind aber jene Wesen, die sie nicht nur erspüren, sondern sie selbst in beträchtlichem Maße hervorbringen können. Häufig leben sie in trübem Wasser und nutzen diesen siebten Sinn für die Orientierung oder für die Kommunikation mit Artgenossen. Doch beschränken sich manche Tiere nicht darauf. Gerade der Zitteraal, der Zitterwels und der Zitterrochen können gewaltige elektrische Schocks freisetzen, die sie zur Verteidigung vor Feinden und zum Töten ihrer Beute nutzen. Sie haben dazu spezielle Organe, die *Elektrocyten*, welche sich aus Muskelzellen entwickelt haben. Die Gefahren, die von solchen starken tierischen Entladungen ausgehen, sind nicht zu unterschätzen. So beschreibt Alexander von Humboldt lebhaft, wie auf seiner Südamerika-Expedition im März 1800 zwei Pferde innerhalb kürzester Zeit ertranken, gelähmt durch die elektrischen Schläge von Zitteraalen.

Die Fähigkeit zur Nutzung der elektrischen Kräfte beschränkt sich aber nicht nur auf das Reich der Fische. Neben ihren bunten Farben und Gerüchen nutzen auch Blumen ihre Wirkungen, um mit Insekten in Kontakt zu treten. Durch das Feld der Erde sind ihre Pollen negativ geladen. Insekten wie Bienen und Hummeln laden sich durch ihre Krabbel- und Flugbewegungen hingegen positiv auf. Mit ihren Fühlern und feinen Härchen spüren sie die Kraftfelder, die von den Pollen ausgehen, und merken so schon im Vorbeifliegen, ob eine Blüte vor kurzer Zeit geleert wurde oder voller Nektar ist. Gleichzeitig helfen die Ladungen bei der Bestäubung der Blumen. Die mitgebrachten Pollen wurden an den Insekten positiv geladen, so dass sie in den negativen Blüten besser haften bleiben.

Bienen haben einen sehr gut isolierenden Körper. Die Ladungen, welche sie beim Fliegen ansammeln, verlieren sie im Bienenstock nur langsam. Beim Bienentanz, über den sie mit ihren Artgenossen kommunizieren, erzeugen die viel gereisten und stärker geladenen Insekten daher ein stärkeres Signal als ihre Artgenossen und werden so womöglich besser wahrgenommen. Bienen sind sehr gelehrige Insekten und können sogar trainiert werden, elektrischen Feldern gezielt zu folgen oder sie zu meiden.

Kräfte besonderer Gegenstände

In den Tiefen der Gebirge, zwischen den Kieseln am Flussufer oder in der Erde vergraben, finden sich allerhand wundersame Gesteine. Manche davon lassen sich entzünden und brennen lange Zeit mit großer Hitze. Andere faszinieren durch ihre schöne Form, ihren Glanz oder durch besondere Kräfte, die von ihnen ausgehen. Einige wirken von außen wie farblose Knollen. In ihrem Inneren verbergen sich aber lebhafte Maserungen oder sogar Hohlräumen, deren Wände mit zahllosen, perfekt geformten Kristallen übersät sind, die farbenfroh glitzern, wenn nach Jahrtausenden der Dunkelheit Licht auf sie fällt.

Es wundert kaum, dass es in dieser Vielfalt auch Kristalle gibt, von denen eine elektrische Kraftwirkung ausgeht. Besonders ist hier der *Turmalin* zu nennen, einer der wohl bemerkenswertesten Steine. Wegen seiner vielen Farben und einem schönen Glanz wird er oft als Schmuck verwendet. Seine erstaunlichste Eigenschaft offenbart aber das Feuer. Von einem Turmalin geht eine immerwährende elektrische Kraft aus. Ganz ähnlich zu einem Magneten, ist dabei eine Seite negativ, die andere positiv geladen. Erhitzt man den Stein, wird die Kraft viel stärker. Schnell wird sie so groß, dass der Turmalin Staubteilchen und Asche in seiner Umgebung an sich zieht. Vor allem die Niederländer machten sich dies in früheren Zeiten zunutze. Mit einem erhitzten Turmalin ließen sich vorzüglich die Ascheteste aus den Pfeifen herausziehen – weshalb der Stein dort auch als *Aschetrekker*, also „Asche-Zieher" bekannt ist. Diese Art, Kräfte in einem Kristall durch Temperaturänderungen freizusetzen, wird heute *Pyroelektrizität* genannt.

Doch nicht nur durch die Änderung der Temperatur, sondern auch durch Druck auf den Kristall offenbart sich eine starke elektrische

Kraft, die weitaus bekannter ist, dient sie doch oft dem Zünden eines Feuerzeugs. Ein kleiner Hammer schlägt dazu auf einen Kristall. Durch den Aufprall wird eine so große elektrische Kraft erzeugt, dass ein Funke entsteht, der das Gas entzündet. Inzwischen kennt man viele Kristalle und auch künstlich hergestellte Materialien mit dieser Eigenschaft, die als *Piezoelektrizität* bezeichnet wird. Selbst das Einwirken von Licht oder anderer Strahlung lässt manche Kristalle elektrische Kräfte hervorbringen. Die heutigen Solarzellen nutzen dies auf raffinierte Weise aus.

Am einfachsten zeigt sich eine Kraftwirkung aber, wenn unterschiedliche Materialien in innigen Kontakt gebracht und dann wieder getrennt werden, was am besten durch Aneinanderreiben gelingt. Hier muss vor allem der *Bernstein* genannt werden, der vor Millionen von Jahren aus dem Harz von Bäumen entstand. Häufig wird er an den Stränden der Ostsee gefunden, da er so leicht ist, dass er im Meerwasser schwimmen kann und an die Küste getrieben wird. Er kommt aber auch in tiefen Erdschichten vor. Wegen seines warmen, goldenen Farbtons ist auch er als Schmuckstein sehr beliebt. Vielleicht war deshalb schon den alten Griechen seit mindestens 600 Jahren vor unserer Zeitrechnung seine besondere Eigenschaft bekannt: Wenn man einen Bernstein an Wolle reibt, zieht er Staub an. Nach dem griechischen Wort für Bernstein, „Elektron", wurden dann auch die gesamte elektrische Kraft sowie alle ihre Wirkungen benannt. Dass Dinge durch Reiben aufgeladen werden können, ist aber wohl schon viel länger bekannt: Man hört ein Knistern und es stellen sich die Haare auf, wenn man einen Wollpullover über den Kopf zieht. Auch werden die Menschen vor tausenden Jahren schon festgestellt haben, dass sich das Fell von Tieren aufladen lässt – vor allem, wenn es warm und trocken ist. Besonders intensiv scheint dieser Effekt bei Katzen zu sein. So berichtet FRANCIS:

> Nimm auf den Schoß eine schwarze Katze, die einige Zeit vor dem Feuer gelegen hat. Halte eine Hand unter den Hals, mit der anderen reibe sie mehrere Male über den Rücken. Das

> Haar wird bald sehr erregt und geladen mit dem elektrischen Stoff, dass manchmal ein vollständiger Schlag gefühlt werden kann und allgemein eine Abfolge kleiner Funken. Wir müssen allerdings festhalten, dass „Miss Pussey“ mit der Durchführung einverstanden sein muss. Dieser Versuch, so wie freilich alle einer elektrischen Natur, gelingen am besten bei frostigem Wetter. [6]

Ladungen durch Aneinanderreiben von zwei unterschiedlichen Gegenständen zu trennen, wie dem Katzenfell und der Hand oder dem Bernstein und der Schafswolle, wird *Triboelektrizität* genannt. Es hat lange gedauert, bis die Gelehrten untersuchten, welche Materialien sich dazu am besten eignen und welche Ladungen auf welchem der Körper zurückbleiben. Auch heute noch findet man verschiedene, teilweise widersprüchliche Angaben in sogenannten *Triboelektrischen Reihen*, da schon kleine Unterschiede der Materialien und Reibversuche große Unterschiede bewirken können. So zeigt Katzenfell andere Eigenschaften als Kaninchenfell, Schafwolle oder menschliches Haar, die überdies von der Luftfeuchtigkeit abhängen können. In guter Näherung gilt die folgende Reihenfolge:

[+] trockene Haut – Glas – Nylon – Felle – Blei – Seide –
Aluminium – Papier – Baumwolle – Stahl – Holz –
Bernstein – Siegellack / Harze – Hartgummi – Kupfer –
Schwefel – zahlreiche Kunststoffe – Teflon – Ebonit [–]

Dabei verbleibt positive Ladung auf dem Reibepartner, der näher am Beginn der Reihe steht. Das zweite Material wird entsprechend negativ geladen. Es sind genau diese Eigenschaften der Materialien, die sich nutzen lassen, um selbst elektrische Kräfte freizusetzen und zahllose Phänomene selbst hervorzubringen.

DRITTES KAPITEL

Vom Freisetzen großer Kräfte

IM Jahre 1663 hatte die Hexenverfolgung in Europa ihren Höhepunkt erst um einige Jahre überschritten. Noch immer mussten Menschen fürchten, durch Missverständnisse, aus Missgunst oder als bloße Sündenböcke vor Gericht gestellt zu werden – allein, weil sie ihren Mitmenschen ungewöhnlich vorkamen oder seltsame Dinge taten. Schädliche Zauberei galt als schweres Verbrechen. Nicht einmal ein guter Ruf, Ansehen und Reichtum konnten sicher vor den schrecklichen Folgen einer solchen Anklage schützen. Umso erstaunlicher mag es erscheinen, mit welcher Entschlossenheit einige wirklich außergewöhnliche Zeitgenossen den Sternenhimmel deuteten, Alchemie betrieben und geheimnisvolle Kräfte heraufbeschworen.

Es war wahrlich kein gewöhnlicher Mann, der sich in jenem Jahr anschickte, „kosmische Wirkkräfte“ hervorzubringen. Er gab dazu sieben verschiedene Substanzen, hauptsächlich Schwefel, in eine gläserne Hohlkugel von der Größe eines Kinderkopfs. Über dem Feuer schmolz er die Masse ein, und als sie wieder völlig erkaltet war, hatte sie die Form der Kugel angenommen. Der Mann zerbrach das Glasgefäß und bewahrte den Inhalt an einem trockenen Ort. Auf diese Weise hatte er seine *Terella* geschaffen, die als kleines Abbild der Erde dienen sollte. Tatsächlich gelang es ihm, der Schwefelkugel sonderbare Kräfte zu entlocken, wenn er sie auf geeignete Weise mit seinen Handflächen überstrich. Um die Kräfte zu steigern, befestigte der Mann die Kugel auf einer eisernen Achse, mit der sie in einer hölzernen Apparatur schnell gedreht werden konnte. So ließ sie sich noch weit besser an der Hand oder an Federn reiben. Man konnte nun Leuchterscheinungen an der Kugel bemerken, es ließen sich „allerlei Blättchen oder Schnitzel von Gold,

Abbildung 7: Eine Feder schwebt über einer Schwefelkugel mit sonderbaren Eigenschaften.

Silber, Papier, Hopfen oder andere Abschabsel" mit ihr anziehen und anschließend auch wieder abstoßen. Die Kräfte reichten aus, eine Daunenfeder längere Zeit zum Schweben zu bringen. Sogar kleine Funken schossen aus der Kugel hervor[7]. Auf diese Weise war die erste Vorrichtung geschaffen worden, mit der sich solche wundersamen Erscheinungen in nennenswertem Maße hervorbringen ließen.

Der Schöpfer dieser Apparatur hieß OTTO GERICKE. Er war längst als Bürgermeister der bedeutenden Stadt Magdeburg, Diplomat, Bauherr und Erfinder bekannt. Während seine Schwefelkugel nur wenig Aufsehen erregte, hatte ihm eine vorherige Erfindung bereits einigen Ruhm eingebracht[8]: Er hatte ein Gerät erdacht, mit dem sich die Luft aus Gefäßen pumpen ließ. Sie beinhalteten somit

[7]Dies bemerkte der Universalgelehrte GOTTFRIED WILHELM LEIBNIZ an einer ihm zugesandten Kugel.

[8]GERICKE wurde später für seine Leistungen vom Kaiser geadelt und nutze die Gelegenheit, um seinem Namen ein „u" hinzuzufügen. Auf diese Weise

eine Leere, die man noch kurz zuvor als Unmöglichkeit angesehen hatte. Die Gelehrten sprachen vom *horror vacui*, der vermeintlichen Angst der Natur vor diesem Nichts, dessen Existenz sie folglich stets zu verhindern suchte. Nun aber war das Unmögliche plötzlich Realität geworden und im Gegensatz zu den Fähigkeiten der Schwefelkugel hatte das mysteriöse *Vakuum* bereits eine praktische Anwendung gefunden. Gefangen in speziellen Gläsern ermöglichte es, einen Blick in die Zukunft zu werfen – und zumindest ungefähr das Wetter vorherzusagen.

Man hatte gemerkt, dass eine Flüssigkeit in einem Strohhalm oder einem Rohr nicht beliebig hoch gesaugt werden kann, selbst wenn man noch so kräftig alle Luft über der Flüssigkeit wegpumpt. Wasser steigt nur etwa zehn Meter hinauf. Es ist nicht die Leere, die das Wasser in sich hinein bewegt, sondern der Druck der kilometerhohen, auf allen Dingen lastenden Luftmassen, der die Flüssigkeit das Rohr hinauf zwingt. Gerade so hoch, dass der Druck der Wassersäule im Rohr den der Atmosphäre außerhalb aufwiegt. Bei hohem Luftdruck steigt die Flüssigkeit etwas weiter, bei niedrigem Druck fällt sie zurück. Damit ließ sich ein *Barometer* konstruieren, das den Druck der Luft anzeigt und eine Wettervorhersage ermöglicht. An Stelle von Wasser verwendete man meist das schwere Quecksilber. Wenn man von oben alle Luft aus einem Glasrohr pumpt, das in ein Becken voller Quecksilber eintaucht, steigt die silbrige Flüssigkeit nur etwa 76 Zentimeter hoch[9]. Solche Barometer sind deutlich handlicher als jene mit Wasser.

Es geschah in einer Nacht des Jahres 1675, als der der französische Hofastronom JEAN PICARD sein Barometer transportierte. In der Leere über der Quecksilbersäule bemerkte er eine spukhafte, fahle Leuchterscheinung. Das Phänomen wurde bald als *Barome-*

wurde er auch von französischen Diplomaten richtig ausgesprochen: OTTO VON GUERICKE.

[9] Noch heute findet man häufig Druckangaben, beispielsweise für den Blutdruck, in der Einheit mmHg – Millimeter Quecksilbersäule.

terleuchten bekannt und erregte das Interesse einiger Gelehrter im fernen London. Sie beauftragten den geschickten Instrumentenbauer FRANCIS HAUKSBEE, es genauer zu untersuchen. Im Jahre 1706 präsentierte dieser der erstaunten Londoner *Royal Society* eine gläserne Kugel, die in ihrem Inneren jenes rätselhafte Vakuum einschloss. Er versetzte sie mit einem Mechanismus in schnelle Drehung und berührte sie sanft mit der Hand.

> Das Ergebnis war, dass in einer sehr kurzen Zeit ein beträchtliches Licht hervorgebracht wurde. Und wie ich meine Hand von einem zum anderen Ort bewegte, so verstärkte sich das Licht und nahm weiter zu, bis Worte in großen Buchstaben lesbar wurden. Nein, ich fand das Licht so kräftig hervorgerufen, dass ein großer Druck ohne viel Mühe darin gelesen werden mochte und gleichzeitig der Raum, der lang und breit war, merklich erhellt schien [...]. Das Licht war von einer sonderbar violetten Farbe. [7]

Dieser Demonstration waren viele weitere vorausgegangen. HAUKSBEE ließ Quecksilberfontänen in luftleere Glasgefäße schießen. Die feinen Tropfen des flüssigen Metalls zeigten ein feurig rotes Leuchten, wenn sie auf die Wände trafen. Er bemerkte, dass nicht die gesamte Luft aus den Gefäßen gepumpt werden musste. Ein schwacher Schimmer ließ sich sogar bei normalem Luftdruck erkennen, als er eine Glaskugel, die eine kleine Öffnung zur Außenwelt hatte, mit etwas Quecksilber füllte und schüttelte. Das Leuchten erschien aber umso intensiver, je mehr Luft er aus der Kugel entfernte. Mit einer komplizierten Maschine, die verschiedene Gegenstände im luftleeren Raum aneinander rieb, wies HAUKSBEE nach, dass auch ganz ohne Quecksilber Leuchterscheinungen auftreten. So identifizierte er die Reibung als wichtige Ursache. Schließlich brauchte er kein Barometer, kein Quecksilber und kein besonders gutes Vakuum mehr, um mit der rotierenden Kugel einen Raum zu erhellen. Wie müssen die

Abbildung 8: Ein Blick in die leuchtende Glaskugel.

Beobachter gestaunt haben, über diese eigentümliche Glaskugel, die durch Berührungen mit der Hand die Leere in ihrem Inneren durch farbiges, waberndes Licht ausfüllte?

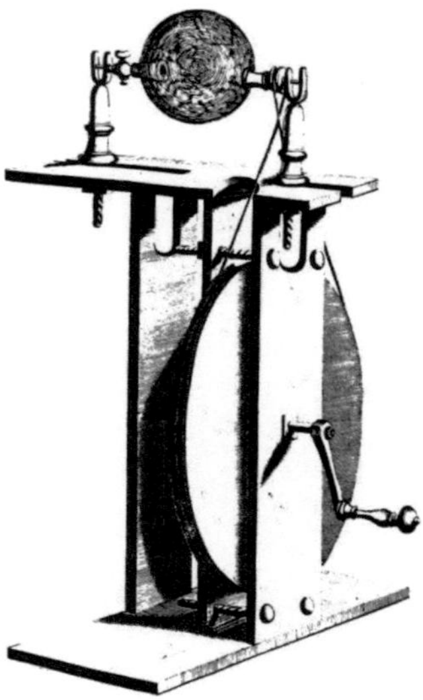

Abbildung 9: Originalaufbau der rotierenden Glaskugel.

HAUKSBEE hatte bereits eine Ahnung von der Ursache des Leuchtens. Durch die Reibung der Hand entstanden an der schnell rotierenden gläsernen Kugel enorme Kräfte, deren elektrische Natur er erkannte. Hatte GUERICKE seine Glaskugel noch zerbrochen, stelle man nun fest, dass sich Glas viel besser als Schwefel eignet, um die geheimnisvollen Erscheinungen hervorzubringen. Noch immer aber erregten die elektrischen Phänomene nur wenig Aufsehen.

Man schrieb bereits das Jahr 1730, als ein kleiner Junge vom einem sonderbaren alten Mann Kräfte verliehen bekam, die so noch nie zuvor ein Mensch besessen hatte. Leider ist nur wenig über den Jungen überliefert. Wir wissen zwar, dass er in London lebte, zwischen acht und neun Jahren alt war und 47 Pfund wog. Doch kennen wir weder seinen Namen, noch ist bekannt, ob er ein Straßenkind war oder einer der Jungen aus einfachem Hause, die das Glück hatten, die Charterhouse Schule besuchen zu dürfen. Das Gebäude der Schule beherbergte auch eine Art Altenpension für verdiente aber bedürftige Männer, wie ehemalige Angestellte des Königs oder Kaufleute, die durch Piraten ihr Vermögen verloren hatten. Einer der „Brüder“ dieses Stiftes war außergewöhnlich. Er unternahm rastlos Experimente, spannte Fäden durch seine Kammer, schmolz Harze am Feuer, hantierte mit Elfenbeinkugeln und Walknochen. Wir wissen nicht, wie der Junge auf den alten Mann traf. Auch können wir nur ahnen, was er dachte, als dieser ihn für seine Versuche brauchte. Letztendlich hing er aber am 8. April 1730 waagerecht an Wäscheleinen vom Deckenbalken in der Kammer des Mannes. Dieser richtete einen Stab, den er mit viel Wissen und Geschick präpariert hatte, auf die Füße des Kindes – ohne sie zu berühren – und erstaunliche Dinge geschahen. Auf einem kleinen Tisch unter dem Jungen befand sich ein Teller mit Schnipseln aus dünner Messingfolie, die nun begannen, sich zu bewegen und hin und her zu tanzen. Kam der Junge ihnen mit der Hand näher, so flogen die Messingschnipsel hinauf in seine Hand, um von dort wieder abgestoßen zu werden, auf dem Teller zu landen und erneut aufzusteigen. In späteren Sitzungen erlangte der Junge die Fähigkeit, die Seiten eines Buches umzublättern, ohne sie zu berühren. Er musste lediglich mit einigem Geschick die Hand über die oberste Seite halten, welche sich prompt erhob und wie von alleine der Bewegung der Hand folgte. Die Kräfte ließen sich zudem an andere Menschen weitergeben. Berührte der Junge eine Person, die auf einem Schemel stand, war es dieser möglich, die gleichen Kunststücke zu vollbringen. Stand die Person hingegen auf der Erde und fasste dem Kind an die Nase, zuckte daraus ein Funke hervor. Zuschauer solcher Vorführungen waren überwältigt vor Begeisterung und sie wurde schnell als „*der schwebende Junge*" bekannt.

Der alte Mann war STEPHEN GRAY, ein Färber, der jede seiner wenigen freien Minuten der Wissenschaft widmete. Schließlich war er für seine astronomischen Beobachtungen so geschätzt, dass er eine Pension des Charterhouse zugesprochen bekam. Erst dort, mit über 60 Jahren, fand er die Zeit, die Versuche HAUKSBEES weiterzuführen. Er hatte kein Geld für aufwändige Apparate mit schnell drehenden Kugeln und musste mit einem an der Hand geriebenen Glasrohr vorliebnehmen, was schon HAUKSBEE als sehr geeignet für elektrische Experimente erkannt hatte. Die Enden wurden mit

Abbildung 10: Ein kleiner Junge bekommt wunderhafte Kräfte verliehen.

Korken verschlossen, um Staub und Luftfeuchtigkeit am Eindringen zu hindern. GRAY gelang es, die Entdeckungen GUERICKES zu wiederholen, er konnte allerlei Dinge anziehen und sogar einen Funken in der Dunkelheit hervorbringen. Dann bemerkte er etwas Unerwartetes. Nicht nur das geriebene Glas, auch der Korken zog Dinge an. Gray versuchte ihn zu verlängern, steckte dazu immer größere Tannenstöcke in den Korken und konnte auch mit deren Enden Federn anziehen. Er ersetzte das Holz durch langen Messingdraht und schließlich durch einen Bindfaden, an dessen anderem Ende eine Kugel hing. Tatsächlich war auch sie im Stande, Messingblättchen anzuziehen. Gray hatte entdeckt, dass es *Leiter* der elektrischen Kräfte gibt. Holz und Bindfaden leiteten dabei zweifelsohne durch ihre Restfeuchtigkeit und die große elektrische Kraft des Glasstabes.

Bald reichte seine kleine Kammer nicht mehr aus und GRAY reiste zu wohlhabenden Freunden, wo sie die Kräfte der Glasröhre über immer größere Entfernungen leiteten. Sie bemerkten, dass Seide die Kräfte nicht weitergab und entdeckten damit auch die *Isolatoren*. Immer mehr Materialien teilten sie in Leiter und Nichtleiter ein. Noch erahnte niemand die Bedeutung ihrer Arbeit und für dreißig Monate waren sie die einzigen, die sich mit solchen Phänomenen befassten. Im August 1729 machte GRAY eine weitere Entdeckung. Er musste die Leiter mit der Glasröhre nicht berühren, damit diese an ihrem anderen Ende Dinge anzogen. Es reichte aus, den geriebenen Glasstab in ihre Nähe zu halten. Auf diese Weise entdeckte er das bedeutende Phänomen der *Influenz*, auf dem auch schon die vorherigen Beobachtungen beruhten und das wir an späterer Stelle genauer betrachten werden. Das Experiment mit dem schwebenden Jungen war schließlich der deutliche Beweis, dass auch Menschen die elektrische Kraft aufnehmen konnten und bot eine wunderbare Möglichkeit, alle Entdeckungen zu demonstrieren.

Die Vorführung wurde schnell sehr populär, wobei der Glasstab durch HAUKSBEES rotierende Kugel ersetzt wurde, die man oft an den Füßen des Jungen rieb. Er lud sich auf diese Weise noch

Abbildung 11: Ein geladener Stab zieht Federn, Papier- und Folienschnipsel an.

stärker auf und es zeigten sich zudem hübsche Leuchterscheinungen. Bald gehörte eine *Elektrisiermaschine* zum beliebten Accessoire in der hohen Gesellschaft. Eine kaum überschaubare Vielzahl solcher Reibungsgeräte wurde in der Folgezeit konstruiert, mit immer raffinierteren Mechanismen. Schnell rotierende Glasscheiben, -zylinder und -kugeln, selbst Biergläser, wurden an Händen, Leder oder Wolle gerieben. Es waren wirksame und geheimnisvolle Vorrichtungen, die mal machtvolle Kräfte hervorbrachten, mal kaum eine Wirkung zeigten. In Abendveranstaltungen wurden die Gäste aufgeladen und durften selbst die neuartigen Kräfte erleben. Haare standen zu Berge, es knisterte und kribbelte. Die Menschen erhielten Fähigkeiten, die man höchstens aus Märchen und Sagen kannte. Sie konnten berührungslos Dinge bewegen, Leuchterscheinungen hervorbringen, ja selbst die Elemente wie Feuer und Wasser manipulieren. Zudem war ein aufgeladener Mensch im Stande, Blitze aus den Fingern schießen zu lassen, die weit größer und heftiger waren als die winzigen Funken, die sich den geladenen Glaskugeln entlocken ließen.

Ein Meister solcher Vorführungen war der Wittenberger Professor GEORG MATTHIAS BOSE. Er schuf aus dem Funken sprühenden

„schwebenden Jungen" eine Vielzahl von verblüffenden Aufführungen und Spielereien. Ihre Wirkungen waren so überwältigend, dass er selbst von seinen Studenten als Magier bezeichnet wurde. Dabei bemerkte er, dass sich der schwebende Junge durch einen großen Metallkörper, etwa eine Ritterrüstung, ersetzen ließ. Aus diesem konnten ebenso lange, wenn nicht sogar längere und heftigere Blitze gezogen werden, als aus einem aufgehängten Menschen. So erfand er den sogenannten *Conduktor*, der die Elektrisiermaschine entscheidend verbesserte. Glas ist ein hervorragender Isolator. Die durch Reibung an der Hand getrennten Ladungen bleiben auf der Oberfläche der rotierenden Kugeln haften und können sich dort kaum bewegen. Glas lädt sich daher gut auf, lässt sich aber nur schwer wieder entladen. In Menschen, vor allem aber in Metallen, können sich Ladungen hingegen hervorragend bewegen, so dass sich ein Conduktor augenblicklich entladen lässt. Die schiere Menge an Ladungen erzeugt dabei einen gut sichtbaren Funken und einen lauten Knall. Mit der stärksten aller Reibungsmaschinen, der 1784 zu Haarlem in den Niederlanden gebauten „Grote Elektriseermachine", lassen sich über 60 cm lange Blitze erzeugen, wenn sie von zwei kräftigen Personen angetrieben wird.
Die Conduktoren verstärkten die Leistung der Maschinen enorm. Um immer mehr Ladungen zu speichern wurden sie immer größer ausgeführt und hingen wie metallene Wolken an langen Seidenfäden von den Decken der Experimentierstuben. Durch ihre zunehmende Größe wurden sie aber auch immer unhandlicher und gaben ungewollt immer mehr Ladungen an die Umgebung ab. Eine bessere Möglichkeit die Ladungen zu speichern fand EWALD GEORG VON KLEIST zufällig, als er 1745 mit seiner Reibungsmaschine versuchte, Alkohol zu elektrisieren. Er hatte von einer wunderbaren Spielerei BOSES gehört, bei der nicht nur feste Gegenstände, sondern auch Wasser aufgeladen wurde und sogar Funken abgab. Dies sorgte für große Verwunderung, denn niemand konnte sich erklären, wie das „elektrische Feuer" ausgerechnet in Wasser bestehen konnte. Um zu testen, ob dies auch mit Alkohol gelingen könn-

Abbildung 12: Die „Grote Elektriseermachine“ in Haarlem mit ihren metallenen Conduktoren.

te, steckte er einen eisernen Nagel in eine gefüllte Medizinflasche und hielt diese mit der Hand umschlossen an die geladene Glaskugel seiner Elektrisiermaschine, so dass Ladungen über den Nagel in die Flasche geleitet wurden. Als er kurz darauf mit der anderen Hand den Nagel berührte, durchfuhr ihn zu seinem großen Schrecken ein starker Schlag. Auf schmerzhafte Weise hatte er entdeckt, dass sich eine sehr große Zahl an Ladungen in der Flasche angesammelt hatte. Wie eine Flüssigkeit konnte er elektrische Kräfte in der Flasche einfangen und aufbewahren. Vielleicht meldete er diese Entdeckung in seine alte Studentenstadt Leiden, jedenfalls widerfuhr kurze Zeit später Ähnliches dem dortigen Gelehrten PIETER VAN MUSSCHENBROEK und die Entdeckung wurde als *Leydener Flasche* bekannt, manchmal auch *Kleistsche Flasche* und heute meist *Kondensator* genannt.

Schnell bemerkten die Gelehrten, dass keine Flüssigkeit in der Flasche sein musste. Nicht einmal die Form musste der einer Flasche entsprechen. Lediglich zwei leitende Materialien mussten durch eine dünne, nichtleitende Schicht getrennt werden. Bei den ersten Experimenten war es die leitende Flüssigkeit im Inneren, die durch das

Abbildung 13: Kleist experimentiert mit Alkohol.

Glas von der leitfähigen Hand an der Außenseite getrennt wurde. Bald belegte man die Innen- und Außenseite von Glasgefäßen einfach mit Metallfolien. Während ein Conductor immer nur Ladungen der gleichen Art sammelt, die sich gegenseitig abstoßen und bestrebt sind, den Metallkörper zu verlassen, werden Innen- und Außenseite der Leidener Flasche entgegengesetzt aufgeladen. Die Ladungen der Flasche sind insgesamt im Gleichgewicht, so dass keine Kraft auf die Umgebung einwirkt. Stattdessen ziehen sich beide Ladungsarten durch den für sie unüberwindbaren Isolator hindurch an und können so der Flasche kaum mehr entfliehen. Die Kraft wird in der Glaswand eingeschlossen, so dass die Flasche enorme Ladungsmengen aufzunehmen vermag und diese lange bewahrt. Erst, wenn den Ladungen ein zweiter Weg angeboten wird, durch den sie sich noch näherkommen können, entlädt sich die Flasche. Dies macht sie höchst gefährlich. Werden Innen- und Außenseite aus Versehen leitend verbunden, gibt sie alle gespeicherten Ladungen

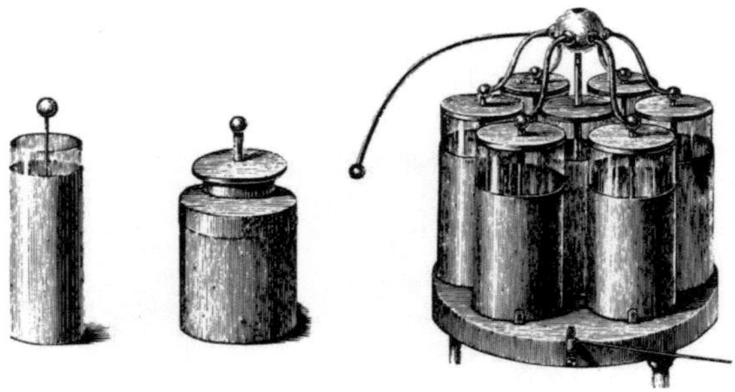

Abbildung 14: Verschiedene Leydener Flaschen, rechts zu einer kraftvollen Batterie zusammengeschlossen.

augenblicklich frei und es entstehen sehr kraftvolle Schläge, welche selbst die kühnsten Experimentatoren jener Zeit in Schrecken versetzten. Wenn schon eine kleine Abwandlung von BOSES Spielerei solche heftigen Wirkungen erzeugen konnte, wie lange würde es dauern, bis jemand einen höheren Preis für seine Neugier bezahlen muss[10]?

[10]Bereits am 1. Dezember 1750 starb der Nürnberger Gelehrte JOHANN GABRIEL DOPPELMAYR an den Folgen eines elektrischen Schlags aus mehreren, miteinander verbundenen Leydener Flaschen.

Vom Bewahren einer Kraftquelle

DAS Hervorrufen elektrischer Kräfte durch Reibung ist schon seit Urzeiten bekannt. Mit der Erfindung der Elektrisiermaschinen wurde es perfektioniert und zu ungeahnter Stärke getrieben. Das Studium der elektrischen Kräfte offenbarte aber noch eine weitere, weitaus vielseitigere Art, solche Kräfte hervorzurufen, zu verstärken und auch abzuwehren: die Influenz. Eine besonders praktische Apparatur wurde dazu um 1762 von JOHANN CARL WILCKE beschrieben und später von ALESSANDRO VOLTA perfektioniert. Die größten und kraftvollsten dieser Vorrichtungen stellte aber GEORG CHRISTOPH LICHTENBERG her. Das Herzstück war eine Scheibe, mit einigem Geschick aus besonderen Zutaten gegossen, für die LICHTENBERG mehrere Rezepte angibt:

> 1) Kolophonium und reines Harz zu gleichen Theilen mit etwas Venezianischem Terpentin vermischt, und die ganze Masse geschmolzen. Den Schaum aber muß man sorgfältig wegschaffen.
>
> 2) 7 Theile Kolophonium, 5 Theile Venezianischer Terpentin, 5 Theile Pech und 2 Theile Wachs – in einem reinen neuen Topf geschmolzen, und zwar ziemlich lange. Man muß es herausnehmen und versuchen, daß es gehörige Sprödigkeit bekomme.
>
> 3) 5 Theile weißer Schellack, 3 Theile reiner Mastix und 2 Theile Venezianischer Terpentin dazwischen gebracht, dann alles zusammen in eine Leinwand gebunden, in einem neuen irdenen Topf bey gelindem Kohlefeuer zerlassen, durch die Leinwand gedrückt, und entweder noch flüssig in die Form

gebracht, oder auch nach dem Erkalten in Pulvergestalt aufgestreut und wieder zerlassen.

4) Guter Siegellack, wozu noch Terpentin von ADAMS kommen muß; zu 2 Theilen, 1 Theil Venezianischer Terpentin.

Die Oberfläche des Kuchens muss vollkommen glatt, ohne Risse und ohne Blasen seyn, welche man durch das Ueberfahren mit einem heißen Eisen vertreibt. Man macht ihn 4 bis 5 Linien dick[11], und läßt ihn mit dem Rande der Form gleich hoch stehen, ohne aber denselben damit zu bedecken. [8]

An diesen Zutaten erkennt man die besonderen Eigenschaften von Baumharzen zur Nutzung der elektrischen Kraft. Bereits zuvor sind sie uns in der Form des Bernsteins begegnet, welcher sich vor Jahrmillionen aus Harzen bildete. *Venezianisches Terpentin* ist der Harzausfluss der Lärche. Wenn man die flüssigen Bestandteile verdampft, erhält man *Kolophonium*, was sich auch durch die Destillation von Bernstein gewinnen lässt. *Mastix* ist das Harz der wilden Pistazie, *Schellack* wiederum wird aus den Harzausscheidung der Lackschildlaus gewonnen, die sich von den Säften eines Baumes ernährt. In *Siegellack* sind Venezianisches Terpentin und Schellack bereits enthalten, lediglich das Mischungsverhältnis muss etwas korrigiert werden.
Ein solcher *Harzkuchen* wurde bevorzugt mit dem Fell einer Katze[12] gerieben und dabei hervorragend und langanhaltend elektrisiert, ähnlich wie die Reibungsmaschinen jener Zeit. In der Tat ließen sich auch andere Isolatoren wie Glas- oder Schwefelplatten verwenden, wenn auch mit geringerem Erfolg. Ein

[11] 1 Linie = 2,256 mm also ca. 1 cm dick.

[12] Heutzutage ist der Handel mit Katzenfellen nicht mehr erlaubt. Daher hat die Physikalisch-Technische Bundesanstalt (PTB) eine Versuchsreihe unternommen und empfiehlt nun die Verwendung von Schafwolle: „Als Ergebnis zeigte sich, dass der Neufilz 125 meliert, [...] die elektrostatischen Eigenschaften des Katzenfells übertrifft und als Ersatzmaterial sehr gut geeignet ist." (Pressemitteilung der PTB vom 19.11.2009)

solches dauerhaft geladenes Material, von dem eine ständige elektrische Kraft ausgeht, wird *Elektret* genannt, in Anlehnung an einen Magneten, von dem auch eine dauerhafte Kraft ausgeht. Doch es gibt einen bedeutenden Unterschied: Ein Magnet hat immer zwei Pole, den Nord- und Südpol. Obwohl sich auch Elektrete mit dieser Eigenschaft herstellen lassen, trägt ein geriebener Harzkuchen nur eine Ladung, er ist ein sogenannter *Monopol*.

Man schrieb das Jahr 1777, als LICHTENBERG auf seinem großen Harzkuchen wundersame Muster und Linien erschienen. Seine Stube war noch staubig vom Polieren des Harzes und der Staub legte sich langsam auf der Oberfläche nieder.

> ... und da geschah es, daß er sich hier nicht [...] gleichförmig anlegte, sondern an mehreren Stellen zu meinem großen Vergnügen kleine Sternchen bildete, die zwar anfangs matt und schlecht zu erkennen waren, als ich aber den Staub mit Fleiß stärker aufstreute, sehr deutlich und schön wurden, und hier und da erhabener Arbeit glichen. Es zeigten sich bisweilen unzählige kleine Sterne, ganze Milchstraßen, und größere Sonnen; die Bogen waren von der hohlen Seite matt, von der erhabenen aber mit Strahlen geziert; ferner sehr niedliche kleine Ästchen, denen nicht unähnlich, welche die Kälte an den Fensterscheiben erzeugt; kleine Wolken von mannigfaltiger Gestalt [...]. Dabei war es ein sehr angenehmes Schauspiel für mich, als ich sahe, daß sie sich kaum zerstören ließen; denn wenn ich auch den Staub mit einer Feder oder einem Hasenfuß behutsam abwischte, so erzeugten sich doch dieselben Figuren von neuem, und oft noch schöner als vorher. [9]

Diese Muster zeugen von der Fähigkeit des Harzkuchens, Ladungen in sich aufzunehmen und zu bewahren. LICHTENBERG sah langsam verblassende Spuren früherer Verwendungen seines Harzkuchens, unsichtbare Ansammlungen von gefangenen Ladungen. Solche überzähligen Ladungen stellen ein Ungleichgewicht in der natürlichen Verteilung dar. Die elektrische Kraft tritt hervor und wirkt mit ihrer unendlichen Reichweite auf alle anderen Ladungen des Universums ein, immer bestrebt, das Gleichgewicht wiederherzustellen. Da die Kraft mit zunehmendem Abstand aber schnell an Stärke verliert, werden vor allem die Dinge in der unmittelbaren Umgebung beeinflusst, wie die Staubteilchen in der Luft.

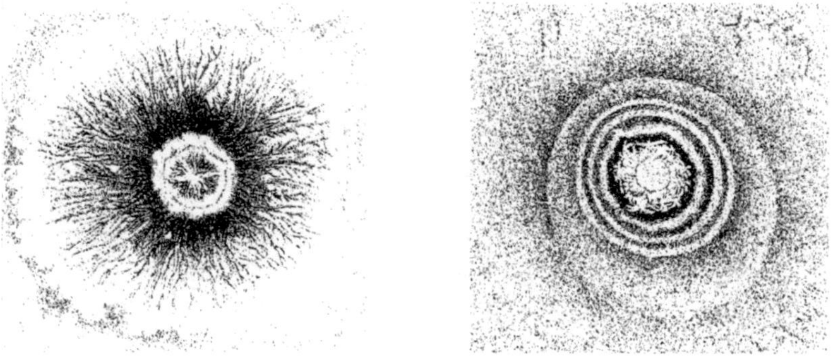

Abbildung 15: Zwei von Lichtenberg selbst angefertigte Staubfiguren. Links durch einen positiven, rechts durch einen negativ geladenen Conduktor erzeugt.

Es ist eine bemerkenswerte Eigenschaft unserer Welt, dass sich die negativen Ladungen, welche man *Elektronen* nennt, sehr viel einfacher bewegen können als ihre positiven Gegenstücke. Selbst in den besten Isolatoren lassen sie sich noch winzige Stücke um ihren angestammten Ort verschieben, während die positiven Ladungen, zumindest in festen Körpern, ihren Platz kaum verlassen können. Dies führt zu bemerkenswerten Phänomenen: Ist der Elektret positiv geladen, zieht er die Elektronen der Staubteilchen ein winziges Stück in seine Richtung. Umgekehrt führen negative Ladungen des Elektrets dazu, dass die Elektronen der Staubteilchen etwas weiter von ihm fortrücken. In beiden Fällen sind die angezogenen Ladungen etwas näher am Elektret als ihre Gegenspieler, die anziehenden Kräfte überwiegen und das gesamte Teilchen wird zum Elektret ge-

Abbildung 16: Eine große, fein verästelte Lichtenbergfigur.

zogen – obwohl es selbst völlig neutral ist, also keinen Überschuss an Ladungen trägt. Dieser Effekt wird *Polarisation* genannt und es folgt:

> Eine elektrische Kraftquelle zieht alle ungeladenen Gegenstände an[13].

In der Nähe der gefangenen Ladungen werden die Staubteilchen besonders stark angezogen, während sich überschüssiges Pulver abseits der Ladungen leicht wegpusten lässt. Zurück bleiben die sogenannten *Lichtenbergfiguren*, welche die Muster der gefangenen Ladungen nachzeichnen.

Ihr Entdecker stellte bald fest, dass es zwei Arten dieser Figuren gibt. Wenn ein Harzkuchen von einem Blitz aus Elektronen getroffen wird, ist er im Stande, diese in einem kleinen Kreis aufzunehmen. Nähert sich hingegen ein Leiter, in dem ein großer Mangel an Elektronen herrscht, so können Elektronen vom Kuchen in den Leiter überschlagen. Dabei bewegen sich zunächst nur einige wenige Elektronen in der Nähe des Drahtes. Für einen winzigen Augenblick wird ihr zurückgelegter Weg leitfähig, daran angrenzende Elektronen können in ihn übertreten und auch in den Leiter abfließen, was den leitfähigen Weg verzweigt und vergrößert. Explosionsartig entsteht auf diese Weise ein weit verästeltes, sternförmiges Blitzmuster.

In Isolatoren wie Harzkuchen und Glasscheiben lassen sich die Elektronen nur um winzige Abstände verschieben – ganz im Gegensatz zu leitfähigen Körpern, in denen zahllose Elektronen nahezu beliebig bewegt werden können. Ein negativ geladener Harzkuchen wird derart bewegliche Elektronen so weit wie möglich von

[13] Streng genommen gilt dies nur in einem sogenannten „inhomogenen Kraftfeld“, wie es von fast allen geladenen Gegenständen ausgeht. Es lassen sich aber auch nahezu „homogene Kraftfelder“ erzeugen, beispielsweise zwischen zwei gegensätzlich geladenen, parallelen Platten eines Kondensators, in denen keine Anziehung stattfindet.

sich weg, in den entferntesten Bereich des leitfähigen Körpers abstoßen, während ein positiv geladener Kuchen die Elektronen so nah wie möglich zu sich zieht. Damit werden die Anziehungskräfte, die schon bei der Polarisation beobachtet werden konnten, wesentlich größer. Diese Verschiebung von Ladungen in einem leitfähigen Körper durch eine elektrische Kraft wird *Influenz* genannt, früher auch „Mitteilung", und ist die wichtigste und machtvollste Wirkung der elektrischen Kraft. Nicht nur konnte GRAY mit ihr dem schwebenden Jungen spektakuläre Fähigkeiten verleihen. Durch sie ist es auch möglich, eine beliebige Anzahl an leitenden Gegenständen völlig ohne Reibung – sogar völlig ohne Berührung aufzuladen. Wenn man etwa zwei miteinander verbundene Metallgegenstände so in ein elektrisches Kraftfeld bringt, dass sich Elektronen in einem der Körper ansammeln, dann beide Gegenstände voneinander trennt und aus dem Kraftfeld entfernt, so verbleibt der Überschuss an Elektronen auf dem einen Gegenstand, während der zweite einen Mangel aufweist. Die Körper sind nun unterschiedlich geladen und ziehen sich an.

Diese Kraftwirkung bestmöglich nutzbar zu machen, ist der eigentliche Zweck des Harzkuchens. Auf seiner großen, polierten und geladenen Oberfläche kann ein ebenso glatter Deckel aus Metall sehr eng anliegen. Die Kräfte aller im Harz gefangenen Ladungen wirken mit ihrer höchstmöglichen Stärke auf die Ladungen im Metall ein, und ziehen den Deckel an, genau wie alle anderen ungeladenen Gegenstände. Verbindet man den Deckel nun leitend mit einem zweiten Körper, werden – je nach der Ladung des Harzes – weitere Elektronen auf den Deckel gezogen oder von ihm heruntergestoßen. Hier bietet sich besonders die Erde als zweiter Körper an. Sie ist so groß, dass sie nahezu beliebige Mengen an Ladungen aufnehmen und abgeben kann, ohne dass sich ihr eigenes Kraftfeld nennenswert ändert. Ein Gegenstand, der zu diesem Zweck leitend mit ihr verbunden ist, wird als *geerdet* bezeichnet. Durch kurzes Erden und anschließendes Trennen der Verbindung lässt sich der Deckel somit umgekehrt zum Elektret laden. Er wird dadurch noch stärker

Abbildung 17: Ein Elektrophor mit Katzenfell

vom Harzkuchen angezogen und ist noch schwerer wieder abzuheben. Wenn man ihn aber doch entfernt, gehen auch vom Deckel sehr große elektrische Kräfte aus. LICHTENBERG war mit seiner größten Vorrichtung im Stande, über 40 cm lange Blitze aus dem Deckel hervorschießen zu lassen. Der Deckel hat aber noch einen weiteren Nutzen: Wenn er auf dem Harzkuchen liegt, schützt er ihn vor Entladung und Staub, so dass dieser seine Aufladung deutlich länger bewahren kann. Aus diesem Grund wird die gesamte Vorrichtung aus Harzkuchen und Deckel *Elektrophor* genannt, „Bewahrer der Elektrizität".

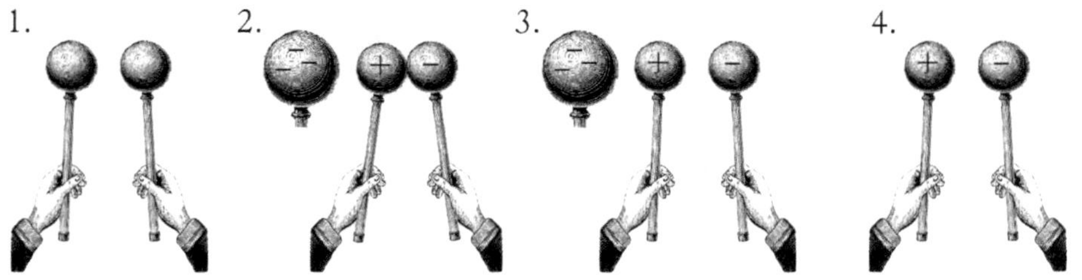

Abbildung 18: Durch die Influenzwirkung eines geladenen Körpers können beliebig viele leitfähige Gegenstände ganz ohne Reiben aufgeladen werden. Zwei ungeladene, metallene Kugeln (1) werden in der Nähe eines negativ geladenen Körpers in Verbindung gebracht (2). Elektronen sammeln sich in der entfernteren Kugel. Werden beide Kugeln wieder getrennt (3), verbleiben auf ihnen unterschiedliche Ladungen (4).

Durch die Influenz ist es möglich, die Kraft eines Elektrophors immer weiter anwachsen zu lassen. Die Gelehrten nutzten dazu zwei Deckel, die wie Pfannen an isolierenden Stielen gehalten wurden. Geschickt und flink wie Hütchenspieler hoben sie diese auf und ab, subtile Berührungen und schnelle Bewegungen wurden begleitet vom Klingen aneinanderstoßender Deckel und dem immer lauter werdenden Knistern überspringender Funken. Dieses kunstvolle Verfahren wurde 1787 von Abraham Bennet ersonnen und erfordert drei Schritte. Zunächst wird einer der Deckel in die Nähe des Harzkuchens gebracht und kurz geerdet, so dass er dessen Gegenladung trägt. Anschließend wird er abgehoben und in die Nähe des zweiten Deckels bewegt. Nachdem auch dieser kurz geerdet wurde, trägt er die umgekehrte Ladung des ersten Deckels – und somit die gleiche wie der Harzkuchen. Im letzten Schritt wird dieser gleichartig geladene Deckel in die Nähe der Harzscheibe gebracht, so dass sich ihre Wirkungen addieren. Dazu ließe sich der Harzkuchen einfach auf die glatte Fläche des Deckels legen. Meist führte man die Ladungen aber durch eine kleine Berührung einer Metallschale zu, in welcher der Harzkuchen gut von der Erde iso-

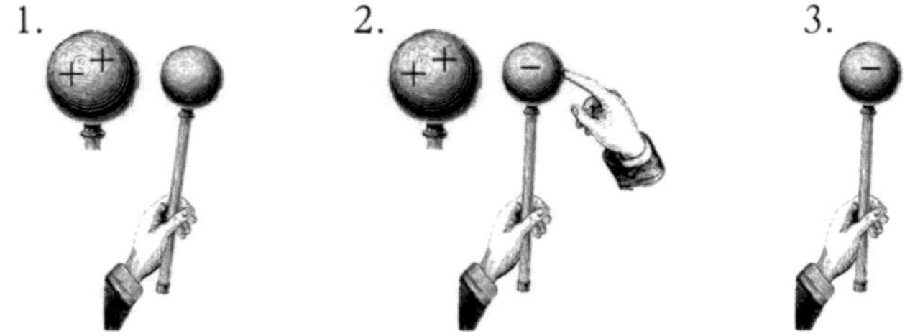

Abbildung 19: Auch ein Kontakt mit der Erde (hier durch eine kurze Berührung mit dem Finger) kann benutze werden, um einen leitfähigen Gegenstand mit Hilfe der Influenz aufzuladen.

liert ruht. Die Prozedur kann beliebig oft wiederholt werden und bei jedem Durchlauf sammeln sich größere Ladungsmengen auf den Deckeln und der Schale. Das Verfahren wird daher *Verdopplung* oder auch *Multiplikation* genannt.

Bemerkenswert ist, dass für dieses Verfahren überhaupt kein geladener Harzkuchen notwendig ist. Wie schon BENNET zeigte, reichen bereits winzige, zufällige Ladungsansammlungen auf einem der Deckel oder der Schale aus, um sie immer weiter zu verstärken. Die geübte Benutzung eines Verdopplers sieht daher für den unkundigen Betrachter höchst mysteriös aus. Scheinbar aus dem Nichts lassen sich Kräfte in ungeheurer Stärke schöpfen. Es dauerte nicht lange, bis die beschriebenen Schritte in sogenannten *Influenzmaschinen* automatisiert und weiter verfeinert wurden. Statt immer komplizierterer Abfolgen von Influenzwirkungen und Erdungen musste lediglich an einer Kurbel gedreht werden. Auch solche Maschinen erwecken häufig den Eindruck, auf schier übernatürliche Weise zu funktionieren. Man sieht ihnen kaum an, wie sie aus einfachen Bewegungen laut knallende Blitze erschaffen. Schon bald wurden die mit ihnen hervorgebrachten Kräfte größer als jene der alten Reibungsmaschinen. Nur hundert Jahre nach GUERICKES Schwefelkugel kam so eine neue Kunst auf, elektrische Kräfte in beträchtlichem Ausmaß freizusetzen.

Abbildung 20: Entscheidende Schritte der Verdopplung nach Bennet. Ein pfannenartiger Deckel, oben und unten mit einer isolierenden Schicht überzogen, wird in die Nähe eines geladenen Sockels gebracht und durch eine Berührung mit dem Finger geerdet (links). Danach wird die Verbindung zur Erde unterbrochen und das Pfännchen abgehoben. Es trägt nun die Gegenladung des Sockels. Ein weiterer, stempelartiger Deckel wird auf gleiche Weise am Pfännchen geladen und trägt so die gleiche Ladungsart wie der Sockel (rechts). Diese Ladung wird dem Sockel durch eine Berührung mit dem Stempel zugeführt, während über ihm erneut das Pfännchen geerdet wird (links). Da nun die Ladungen von Sockel und Stempel gemeinsam auf das Pfännchen einwirken, wird die elektrische Kraft bei jedem weiteren Durchlauf dieser Schritte vergrößert.

Abbildung 21: Mit einer Influenzmaschine können in kurzer Zeit große elektrische Kräfte hervorgebracht werden.

Vom Verstärken und Schwächen

Mit Hilfe der Influenz und einigen leitfähigen Gegenständen lassen sich elektrische Kräfte geradezu virtuos beherrschen. Die Gegenstände müssen nicht einmal besonders gut leiten. Lediglich einem winzigen Anteil ihrer Ladungen muss es möglich sein, sich in ihnen zu bewegen. Viele Erscheinungen treten an Menschen genauso auf wie an Hanffasern, angefeuchteten Holzbrettern oder an zahlreichen Flüssigkeiten. Die wichtigste Erkenntnis ist, dass sich die Ladungen im Leiter gerade so anordnen, dass alle Kräfte im Gleichgewicht sind. Vor allem die Elektronen bewegen sich so schnell, dass üblicherweise nur wenige Sekundenbruchteile vergehen, bis alle Ungleichgewichte ausgeglichen sind und die Ladungen zur Ruhe kommen.

Viele Phänomene folgen aus diesem grundlegenden Prinzip. So ordnen sich die überzähligen Ladungen auf einer metallenen Kugelschale völlig gleichmäßig auf der Oberfläche an. Rückten sie an einer Stelle auch nur etwas dichter zusammen, herrschte dort sofort eine größere Abstoßungskraft, welche sie wieder forttriebe. Entsprechend verteilen sich Ladungen zu gleichen Teilen auf zwei gleich große und durch einen Draht verbundene Kugelschalen. Bemerkenswertes geschieht aber, wenn eine der Kugeln kleiner wird. Ladungen fließen von ihr auf die größere Kugel, wo sie mehr Platz finden. Dieser Fluss endet erst, wenn sich im Draht ein Gleichgewicht der Kräfte eingestellt hat, die abstoßenden Wirkungen beider Kugeln also gleich groß sind. Dabei widersteht die kleine Kugel mit ihrer Unterzahl an Ladungen der gesamten Aufladung der größeren Kugel. Dies ist nur möglich, da die auf ihr verblieben Ladungen enger zusammengedrängt werden als auf der großen Kugel, denn je konzentrierter die Ladungen sind, je mehr sich von ihnen im glei-

chen Bereich befinden, desto stärker ist die von dort ausgehende Kraft.
Je kleiner die zweite Kugel wird, desto mehr Ladungen fließen von ihr auf die große Kugel, doch umso mehr werden auch die auf ihr verbliebenen Ladungen zusammengedrängt. Wenn die zweite Kugel so klein ist, dass sie nur noch eine scharfe Spitze am Ende des Drahtes darstellt, geht von dort die größte Kraft aus, stärker als von jedem anderen Ort der Anordnung. Diese Beobachtung wird *Spitzeneffekt* genannt:

> Je spitzer eine hervorstehende Wölbung eines Körpers ist, desto größer ist dort die elektrische Kraft.

Der Spitzeneffekt begegnet uns in zahlreichen Phänomenen. So zeigt sich das Elmsfeuer am ehesten an den hoch aufragenden Mastspitzen der Segelschiffe, in den Wipfeln einsamer Bäume, an Kirchturmspitzen oder an den Flügeln der Windmühlen im flachen Land, da dort die elektrischen Kräfte am stärksten hervortreten. Auf Bergen können die Kräfte so groß werden, dass die Stöcke oder Eispickel der Wanderer zu vibrieren beginnen, was als *Pickelsausen* bekannt ist. Bei der Konstruktion von Elektrisiermaschinen wird daher viel Sorgfalt darauf verwendet, Spitzen und scharfe Kanten an allen Orten zu vermeiden, an denen keine Ladungen entkommen dürfen. Nur an den Stellen, wo Ladungen aufgesammelt oder freigesetzt werden sollen, sind scharfe Spitzen hervorragend geeignet.

Eine weitere Folge der Influenz trägt heute den Namen des großen Naturforschers Michael Faraday. Im Jahre 1837 berichtete er, wie er sich eine würfelförmige Kammer anfertigen ließ, umspannt mit einem Gewebe aus Kupferdraht und verkleidet mit Papier. Von außen wurde sie kräftig durch eine Elektrisiermaschine aufgeladen. Faraday schrieb:

> Ich ging in den Würfel und lebte in ihm und wie ich auch Kerzen, Elektrometer und alle anderen Tests elektrischer Zu-

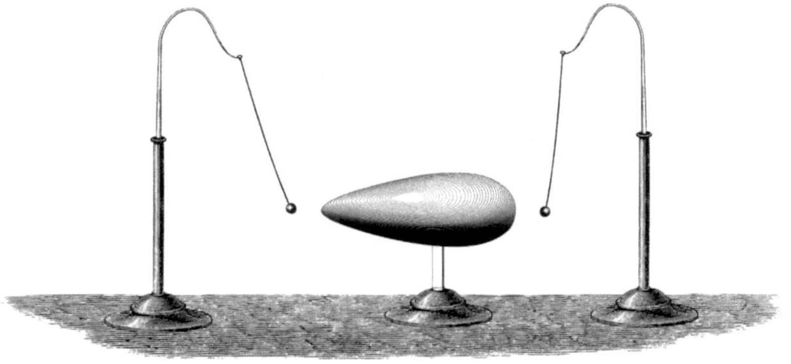

Abbildung 22: Je spitzer eine Stelle ist, desto größer ist die von ihr ausgehende Wirkung.

> stände gebrauchte, ich konnte nicht die kleinste Einwirkung auf sie feststellen. Dabei war die Außenseite des Würfels während der ganzen Zeit kraftvoll aufgeladen und lange Blitze und Büschel schnellten aus jedem Teil seiner äußeren Oberfläche hervor. [10]

Auf diese Weise konnte sich FARADAY vergewissern, dass eine dünne Hülle aus Metall völlig ausreicht, um sich vor den Einwirkungen äußerer elektrischer Kräfte zu schützen. Wenn diese auf die leitfähige Hülle einwirken, verschieben sie dort die Ladungen. An einigen Orten werden Ladungen konzentriert, an anderen Stellen müssen sie einen größeren Abstand zueinander einnehmen. Von diesen Orten geht nun auch eine Kraft aus, die den äußeren Kräften entgegenwirkt. Die Ladungen bewegen sich gerade so lange, bis sich ein perfektes Gleichgewicht aller Kräfte eingestellt hat und sich ihre Wirkungen nicht nur in der Hülle, sondern auch überall in der Kammer genau aufheben. Es liegt an der erstaunlichen Eigenschaft der elektrischen Kraft, dass sich ihre Stärke in doppeltem Abstand zur Ladung gerade viertelt, dass das Innere des Käfigs völlig unbeeinflusst von allen äußeren Kräften bleibt. Häufig reicht es sogar aus, den Gegenstand in ein leitfähiges Gitternetz zu hüllen, da die äußere Kraft kaum in die feinen Zwischenräume eindringen kann. Eine solche leitfähige Hülle zum Schutz vor elektrischen Kräften wird heute *Faraday-Käfig* genannt.

In einem Faraday-Käfig kann man vor nahezu allen Auswirkungen elektrischer Kräfte Schutz finden. Sogar dem Einschlag eines Blitzes hält ein metallener Käfig stand, obgleich er sich dabei gefährlich aufheizen kann. Wie FARADAY eindrücklich zeigte, schirmt er aber nicht nur äußere Kräfte ab, sondern auch die Wirkung seiner eigenen Aufladung. Überzählige oder fehlende Ladungen findet man nur auf der äußersten Hülle des Käfigs, selbst seine Innenwand bleibt davon völlig unbeeinflusst[14]. Dies ermöglicht es unter anderem, einen leitenden, aufgeladenen Gegenstand vollständig zu entladen. Er muss dazu lediglich in einen Faraday-Käfig gebracht werden und diesen von innen berühren. Überzählige Ladungen fließen sofort auf die Außenseite des Käfigs, fehlende Ladungen rücken von dieser auf den Gegenstand, bis das perfekte Gleichgewicht im Inneren wiederhergestellt ist. Idealerweise ist der Käfig dabei vollständig geschlossen, etwa durch eine Tür. Meist genügt aber ein tiefer, metallener Becher, in dessen Öffnung der zu entladende Gegenstand gehalten wird und den man nach seinem Zweck *Faraday-Becher* nennt.

Es lassen sich fast beliebige Mengen an Ladungen an der Innenseite eines Faraday-Käfigs abgeben und entnehmen, ohne dass sich seine Wirkung nach innen verändert. Damit lässt er sich nahezu beliebig aufladen. Immer mehr Ladungen können etwa durch eine kleine Öffnung in den Käfig gebracht und dort vollständig an ihn abgegeben werden. Mit zunehmender Aufladung wird es aber auch immer schwerer, neue Ladungen in den Käfig zu bringen. Im Außenraum müssen immer größere Abstoßungskräfte überwunden

[14]Weitreichende Einsichten dieser Art sind alles andere als naheliegend. Zu ihrer Erklärung werden gerne abstrakte Konzepte eingeführt, mit denen man sich viel Nachdenken ersparen kann, sobald man sich einmal von ihrer Richtigkeit überzeugt hat. In diesem Fall folgt die Aussage beispielsweise streng mathematisch aus dem sogenannten *Satz von Gauß*.

Abbildung 23: In einem Faradaybecher kann ein Gegenstand vollständig entladen werden.

werden, was immer mehr Energie benötigt. Hat man die Öffnung aber passiert, ist keine Abstoßung mehr spürbar und die neuen Ladungen fließen selbstständig auf die Außenseite. Besonders trickreich wird dies bei einem *Bandgenerator* genutzt: Ein Förderbrand transportiert Ladungen in einen Metallkäfig hinein. Bevor sie auf dessen Außenseite fließen, helfen sie dabei, das nach außen laufende Förderband umgekehrt aufzuladen, genau wie der Elektrophor seinen Deckel lädt. Auf diese Weise wird der Käfig schnell und zuverlässig geladen. Ein Bandgenerator zählt heute zu den leistungsstärksten Elektrisiermaschinen überhaupt.

Ein Faraday-Käfig kann aber nicht nur benutzt werden, um elektrische Kräfte abzuschirmen oder hervorzurufen. Er eignet sich ebenso gut, die Anwesenheit einer elektrischen Kraft festzustellen. So wirkt auf die Ladungen einer Metallplatte, die sich im Innern eines Faraday-Käfigs befindet, keine Kraft ein. Wird sie aber aus dem Käfig herausgehalten, fließen durch die dortigen Kraftfelder Elektro-

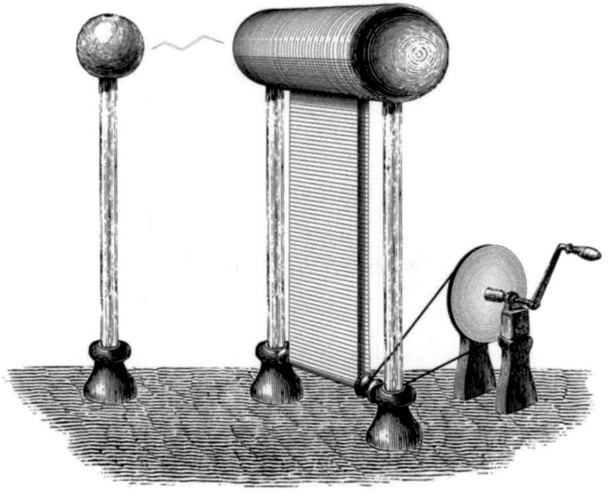

Abbildung 24: Ein Bandgenerator transportiert Ladungen mit einem Förderband in einen Faradaykäfig.

nen auf die Platte oder von ihr herunter, solange sie mit dem Käfig oder der Erde verbunden ist. Wenn die Platte anschließend wieder in den Käfig geholt wird, fließen alle Ladungen zurück. Dieser Ladungsstrom kann mit moderner Elektronik sehr genau gemessen werden. Geräte wie ein *Elektrofeldmeter*, oft auch *Feldmühle* genannt, führen solche Messungen auf geschickte Art viele Male in einer Sekunde durch und können sowohl die Stärke wie auch die Richtung des Kraftfeldes mit hoher Genauigkeit erfassen. Sie sind so empfindlich, dass sie sogar die Ladungsverteilung innerhalb einer Wolke bestimmen können.

Von der magnetischen Wirkung

AUCH der beste Faraday-Käfig kann nicht alle Wirkungen der elektrischen Ladungen abschirmen. Eine besonders wundersame Erscheinung tritt auf, wenn Ladungen bewegt werden: Sie rufen eine magnetische Kraft hervor, die mühelos einen metallenen Käfig durchdringt und eine darin angebrachte Kompassnadel bewegt[15]. Ein einfacher, geladener Körper, der mit der Hand geschüttelt wird, erzeugt nur eine extrem schwache magnetische Kraft. Etwas größer wird sie, wenn der Körper schnell um eine Achse rotiert. Entlang der Drehachse bildet sich ein magnetischer Nord- und Südpol aus. Die magnetische Kraft wird umso stärker, je schneller sich der Körper dreht und je mehr er geladen ist. Durch Vertauschen der Drehrichtung oder der Aufladung kehren sich die magnetischen Pole um. Die Kraft ist jedoch viel geringer als das ohnehin schon schwache Magnetfeld der Erde. Anstatt den ganzen Körper zu drehen hat es sich als viel praktischer erwiesen, nur die Ladungen im Kreis zu bewegen. Dazu leitet man sie üblicherweise durch ein Kabel, das zu einer *Spule* aufgewickelt wurde. Ein solcher *Elektromagnet* ist umso stärker, je mehr Ladungen durch ihn fließen und je mehr Windungen die Spule hat.

Wie so häufig lässt sich nicht nur mit Hilfe der elektrischen eine magnetische Kraft hervorbringen, sondern es gibt auch einen umgekehrten Effekt. Es entsteht immer dann eine elektrische Kraft, wenn sich eine magnetische Kraft ändert – etwa, wenn ein Magnet in der Nähe eines Leiters bewegt wird. Diese Erscheinung, 1831

[15] Erst wenn der Faraday-Käfig aus einem sogenannten *Supraleiter* gefertigt wird, in dem sich Elektronen ohne jeden Widerstand bewegen können, ist er so vollkommen, dass er alle elektrischen und magnetischen Kräfte praktisch vollständig abschirmt.

Abbildung 25: Ein Induktorium erzeugt Funken in sehr schneller Folge.

von Michael Faraday entdeckt und *Induktion* genannt, ist die Grundlage der überwältigenden Mehrheit aller heutigen Stromgeneratoren. Im Jahre 1836 wurde er von Nicholas Callan sehr raffiniert genutzt. Mit einer Spule baute er zunächst ein Magnetfeld auf, bevor der Strom aus bewegten Ladungen ruckartig unterbrochen wurde. Das Magnetfeld brach zusammen und diese schnelle Änderung erzeugte in einer weiteren Spule mit sehr vielen Windungen eine so große elektrische Kraft, dass zwischen ihren beiden Enden Funken entstanden. Ein solches Gerät wird *Induktorium* oder *Funkeninduktor* genannt. Durch einen geschickten Mechanismus wird der Elektromagnet in schneller Folge ein- und ausgeschaltet, so dass ein heftig pulsierendes Magnetfeld ständig enorme elektrische Kräfte in der zweiten Spule erzeugt, die sich durch Funken offenbaren. Betrieben mit einer kleinen Batterie ist ein gutes Induktorium ohne Weiteres in der Lage, 20 cm lange Blitze zu erzeugen. Im Gegensatz zu den anderen Elektrisiermaschinen ist es aber nicht im Stande, eine dauerhafte, gleichmäßige Kraft zu wirken.

Viertes Kapitel

Vom Wirken der Kraft

DIE gerade erfundenen Elektrisiermaschinen riefen im 18. Jahrhundert nicht nur elektrische Kräfte hervor, sondern auch eine unvergleichbare Begeisterung. In den Stuben der Gelehrten, in den Salons der hohen Gesellschaft, in Gasthäusern und auf Jahrmärkten, selbst in Klöstern kamen die Menschen zusammen, um die wundersamen, neuartigen Kräfte und Erscheinungen zu bestaunen. Nicht weil sie nützlich, sondern vor allem, weil sie unterhaltsam waren. Genauso unterschiedlich wie das Publikum waren die dargebotenen Phänomene. Umherziehende Elektrisierer waren immens erfolgreich mit immer spektakuläreren Vorführungen. Blitze, Schläge und Explosionen begeisterten die Menschen, Schwebeversuche und geisterhafte Leuchterscheinungen taten ihr Übriges.
Das Publikum konnte ungeahnte Kräfte spüren und ihre Wirkungen unmittelbar nachvollziehen. Was muss es für eine Faszination ausgelöst haben, selbst den Platz des schwebenden Jungen einzunehmen und Dinge vollbringen zu können, die man zuvor nicht einmal zu träumen gewagt hatte? Wenn die Glaskörper der Elektrisiermaschinen in rasende Bewegung gesetzt wurden, man das Prickeln kleiner Entladungen spürte, das Aufrichten der Haare auf der Haut und man sich der Tatsache bewusst wurde, dass eine der machtvollsten Kräfte unserer Welt den eigenen Körper erfüllte – vielleicht ahnte dann der ein oder andere, welche außerordentlichen Möglichkeiten die Natur bereit hält. Möglichkeiten, die nur darauf warteten, ergriffen zu werden.
Bisher haben wir vor allem das Hervorbringen der elektrischen Kraft mit ihren wichtigsten Gesetzmäßigkeiten betrachtet. In diesem Abschnitt wollen wir nun einige der Wunderdinge ins Auge fassen, zu denen ihr geschickter Gebraucht uns befähigt.

Abbildung 26: Umherziehender Elektrisierer im 19. Jahrhundert.

Von Blitzen und Schlägen

Im Jahr 1746 kam es am Hof des französischen Königs zu einer denkwürdigen Versammlung. 180 Gardesoldaten bildeten händehaltend einen Kreis, der nur an einer Stelle unterbrochen war. Dort ließ Jean-Antoine Nollet einen Soldaten die Außenseite einer geladenen Leidener Flasche berühren, den am anderen Ende des Kreises die Innenseite. Die Gardisten bekamen alle gleichzeitig einen elektrischen Schlag und sprangen vor Schreck in die Luft. Der König war von dieser Vorstellung so erheitert, dass er eine Wiederholung in Paris wünschte – aber mit 200 Mönchen statt Soldaten[16]. So wurden bald die Mönche des Kartäuserordens Zeugen der für Menschen wohl heftigsten und unmittelbarsten Wirkungen der elektrischen Kraft. Die Muskeln werden normalerweise durch schwache, gezielte elektrische Signale gesteuert. Der heftige „Kleistsche Stoß" aus der Leidener Flasche fährt hingegen lawinenartig durch alle Glieder und bringt sie zu ruckartiger Kontraktion – ein Effekt, dem man sich nicht widersetzen kann. Zusammen mit dem Schreck über diese unerwartete Wirkung gaben solche Demonstrationen einen Eindruck der Macht des Königs und all jener, die solche neuartigen Kräfte für ihn hervorrufen konnten. Für welchen Gesprächsstoff solche Versuche sorgten, beschreibt Lichtenberg:

> Zu Paris glaubte man vor einigen Jahren gefunden zu haben, daß der Stoß immer bey „frigidis et impotentibus" aufhöre.

[16]Solche Versuche wurden mit bis zu 900 Mönchen durchgeführt, die angeblich einen 1,5 km langen Kreis bildeten. Der König war so begeistert von dieser Art der Machtdemonstration, dass er jeden Mönch im Land – und danach jede Nonne auf diese Weise elektrisieren wollte, um zu beobachten, bei wem es am besten wirke. Diesem Ansinnen konnte erst der Papst Einhalt gebieten.

> Der Graf von Artois, der davon hörte, berief dazu die Castraten der Oper; und man fand die Beobachtung falsch. Auf diese Weise ist die Elektrisiermaschine um die Ehre gekommen, dereinst als ein nützliches Instrument in den Versammlungs-Sälen der Consistorien und Ehegerichte zu prangen. [11]

Was einen König beeindrucken konnte, war erst recht für gesellschaftliche Feiern geeignet. So sind Abendgesellschaften überliefert, bei denen der Wein in einem außen vergoldeten Glas serviert wurde. Nach dem Vorbild der Kleistschen Flasche wurde der Inhalt elektrisiert. Wenn ein ahnungsloser Gast einen Schluck aus seinem völlig unverdächtigen Gefäß nahm, erhielt er einen heftigen Schlag. Genauso erging es denen, die einen Taler aufheben wollten, welcher verdeckt an den Conduktor einer Elektrisiermaschine angeschlossen war. Die bekannteste Spielart dieser Unterhaltung ist aber zweifelsohne der elektrische Kuss der *venus electrificata*. Eine hübsche Dame wurde dazu auf einen isolierenden Schemel gestellt, welcher durch ihr seidenes Kleid verborgen wurde. Durch eine Elektrisiermaschine kräftig aufgeladen, begrüßte sie die Gäste mit einem Kuss – zu dem es jedoch nur selten kam. Schon wenn sich die Gesichter näherten, sprang im wahrsten Sinne des Wortes der Funke über und die Gäste wussten nicht, wie ihnen geschah. Ein Gedicht von GEORG MATTHIAS BOSE, dem Wittenberger Physikprofessor und Erfinder dieser Vorführungen, beschreibt das Erlebnis folgendermaßen:

> Ein aussereintzigmahl versucht ich es, und nahm
> Der Venus einen Kuß, doch Himmel wie bekam
> Mir solcher Frevel-Muth.
> Es schien, ein schmetternd Stechen
> Verdrehte fast den Mund.
> Die Zähne wollten brechen.
> [...]
> So rast ein Zitterschmertz ihm nauf in das Gehirne.
> Die Zähne beben fast. Es schmettert in der Stirne. [12]

Abbildung 27: Der erschütterndernde Kuss der *venus electrificata*.

Die Entladungsfunken boten noch viele weitere Möglichkeiten, die neuartigen elektrischen Kräfte effektvoll sichtbar zu machen. Sie wurden im Wasser gezündet, es wurden Metalle geschmolzen, Holzstäbe gespalten oder Spielkarten durchbohrt. Vor allem die Herbeiführung von Explosionen war sehr beliebt. Zunächst begann man mit „Elektrischen Pistolen", bei denen in einer Flasche ein Gasgemisch durch einen elektrischen Funken entzündet wurde, so dass ein Korken herausploppte. Später wurden ganze Schiffe versenkt oder Gefäße unter Wasser zum Detonieren gebracht.

Abbildung 28: Zünden einer elektrischen Pistole.

Blitze und Funken dienten aber auch weit ernsthafteren Anlässen. In jener Zeit mussten die Menschen noch große Furcht vor der Naturgewalt eines Gewitters haben. Ganze Städte konnten durch Blitzeinschläge in Flammen aufgehen, jederzeit war die eigene Existenz bedroht. Während die Regenflut des Unwetters niederging und der Sturm über das Land jagte, flüchteten sich die Menschen in Gebete, die geweihten Wetterglocken in den Kirchtürmen läuteten gegen den Donner an, jedes helle Aufzucken des Blitzes versetze die Menschen in Angst. Das sogenannte Wetterläuten war dabei nur eine von zahlreichen magischen Traditionen, mit denen die Menschen versuchten, sich vor einem solchen Unwetter zu schützen.

Der Klang der Glocken diente nicht etwa dazu, die Menschen vor dem Unwetter zu warnen. Vielmehr versuchte man, die Dämonen des Unwetters zu vertreiben, wie man auch wilde Tiere verscheuchte: durch Lärm. Der Glaube an die Wirksamkeit, vielleicht auch die beruhigende Wirkung des Glockenklangs war so groß, dass beim Wetterleuten das Leben vieler Menschen riskiert wurde. Zahlreiche Glöckner, über feuchte, leitfähige Seile mit großen metallenen Glocken hoch oben im Turm verbunden, fanden durch Blitzeinschläge den Tod[17].

Einigen Gelehrten fiel bald die Ähnlichkeit des Gewitterblitzes zu den Funken der Elektrisiermaschinen auf. Sie konnten sich aber keineswegs sicher sein, dass es sich dabei um das gleiche Phänomen handelt. Aus der Antike stammte noch die Vorstellung, Blitze seien entzündete schweflige Ausdünstungen der Erde. Erst als der berühmte Staatsmann, Wissenschaftler und Verleger BENJAMIN FRANKLIN beobachtete, dass eine geerdete, scharfe Spitze einen Conduktor in der Nähe entladen kann, überlegte er, ob sich nicht auch das „himmlische Feuer“ mit einer entsprechenden *Blitzstange* in die Erde ableiten ließe um Menschen, Tiere und Besitz zu schützen. Diese Anregung wurde in Frankreich aufgegriffen. In der Stadt Marly-la-Ville bei Paris installierte man eine dreizehn Meter in den Himmel aufragende Stange. Sie war nur mit nichtleitenden Materialien befestigt, so dass sie die Elektrizität nicht ableitete, sondern sogar sammelte. Als es am 10. Mai 1752 donnerte, eilte der alte Soldat COIFFIER zu der Stange, brachte einen Messingdraht in ihre Nähe und sah einen Funken überspringen. Er war der erste Mensch, der gezielt einen Blitz aus dem Himmel holte. Schnell kamen weitere Einwohner Marlys hinzu und die Nachricht verbreitete sich in Windeseile: Blitz und Donner sind elektrische Erscheinun-

[17]Noch heute findet man zahlreiche Glocken mit Innschriften wie „Vivos voco, mortuos plango, fulgura frango“ (Die Lebenden rufe ich, die Toten beklage ich, die Blitze breche ich). Dieser Spruch ist besonders bekannt, da FRIEDRICH SCHILLER ihn seinem berühmten Gedicht „Das Lied von der Glocke“ voranstellte.

gen. Schon bald ließ sich der französische König das Experiment persönlich vorführen, in rascher Folge wurden die Versuche wiederholt, auch durch FRANKLIN selbst mit einem Drachen, den er bei Gewitter steigen ließ.

Es wurden aber keineswegs sofort auf jedem Gebäude Blitzableiter installiert. Zunächst entbrannte ein Streit, ob dies wirklich eine gute Idee sei. Durfte man sich auf diese Weise Gottes Strafe entziehen? Lockte man mit der hoch aufragenden Metallstange nicht sogar Blitze an? Was war die beste Form des Ableiters? FRANKLINS Spitzen oder Kugeln? Die größten Elektrisiermaschinen ihrer Zeit wurden gebaut, um diesen Streit nach vielen Versuchen und Irrtümern schließlich zu Gunsten FRANKLINS zu entscheiden. Auch für die einfache Bevölkerung, die zum Großteil kaum lesen konnte, war es nicht einfach zu verstehen, warum in den Himmel aufragende Stangen helfen sollten, wo doch selbst Gebete und vom Priester geweihte Glocken nicht weiterführten. Kauzige Gelehrte, die seltsam geformte Metallstangen auf ihren Dächern anbrachten um so die Macht der Gewitter abzuwehren, wirkten in manchen Augen wohl deutlich esoterischer als die bewährten Mittel[18].

Erst nach 30 Jahren, als die Pulvermagazine, die ersten Paläste und Kirchen gesichert waren, setzte sich die neue Idee langsam durch. Dort wo es Blitzableiter gab, überzeugten sie durch ihren Erfolg. Aber auch herumziehende Vorführer spielten eine nicht zu unterschätzende Rolle. Auf Jahrmärkten, in Gasthäusern und Theatern zeigten sie ihrem zahlenden Publikum neben vielen spektakulären Experimenten häufig auch ein *Donnerhaus*. Dabei entzündet der Blitz einer Elektrisiermaschine einen Sprengkörper in einem Mo-

[18] Das Wetterläuten wurde in Bayern 1784 durch den Kurfürsten verboten, vor allem, weil dabei so viele Glöckner vom Blitz erschlagen wurden – über einhundert alleine in Frankreich und Deutschland in einem Zeitraum von 13 Jahren. Trotzdem wurde noch 1798, 46 Jahre nach dem Versuch von Marly, in Passau das Wetterläuten auf Wunsch der Landbevölkerung wieder aufgenommen. Noch im gleichen Jahr wurde erneut ein Glöckner vom Blitz erschlagen.

Abbildung 29: Das Himmlische Feuer wird abgeleitet: Das Experiment von Marly.

dellhaus und bringt es zum Einsturz. Wird aber ein Blitzableiter angebracht, löst der Sprengsatz nicht aus und das Unheil ist abgewendet.

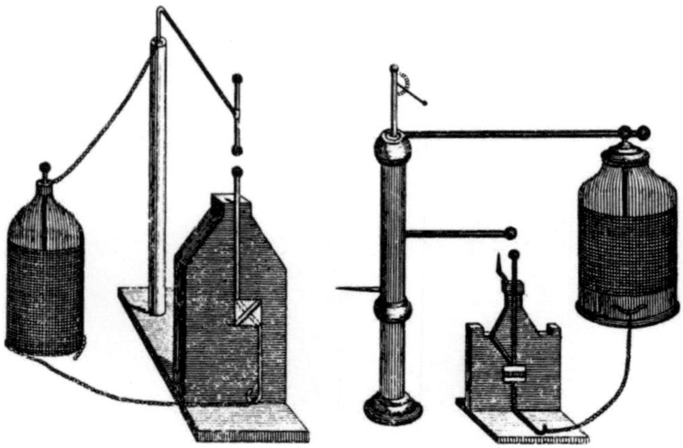

Abbildung 30: Zwei zeitgenössische „Donnerhäuser“ zur Demonstration des Nutzens eines Blitzableiters.

Es ist heute kaum möglich, die Bedeutung dieser Erfindung für ihre Zeitgenossen nachzuempfinden. Der „Furchtableiter“, wie LICHTENBERG ihn treffend nannte, wurde zum Triumph der Aufklärung. Das himmlische Feuer, Jahrtausende lang das Machtinstrument der Götter, man denke nur an Zeus oder Thor, verlor seinen Schrecken – unschädlich gemacht durch menschliche Ratio und einfache Eisenstangen. Die Bevölkerung wurde durch anschauliche Experimente überzeugt, musste keinen wilden Vermutungen und keinem Aberglauben mehr vertrauen – und vor allem keine Angst mehr haben. Die elektrische Natur des Blitzes vertrieb bösartigen Wetterzauber, übellaunige Dämonen und zornige Götter aus den Vorstellungen. Vollkommen wurde der Siegeszug aber dadurch, dass die Menschen lernten, selbst Blitze hervorzubringen und über sie zu gebieten. Mit dem nötigen Wissen und einigen Gerätschaften wurde es jedem möglich, selbst ein „himmlisches Feuer“ auf der Erde zu entfachen.

Abbildung 31: Durch Blitzableiter geschütztes Gebäude.

Von Leben und Tod

EIN elektrischer Schlag lässt nicht nur die Muskeln von Feiergästen und Mönchen zusammenzucken, sondern auch die von Leichen und abgetrennten Körperteilen. So wundert es kaum, dass der elektrischen Kraft bald noch weit mächtigere Fähigkeiten zugeschrieben wurden. Man betrachtete sie als Essenz des Lebens, als jenes animalische Feuer, welches tote zu lebender Materie erweckt. Bekanntermaßen birgt die elektrische Kraft die Fähigkeit und Gefahr zu töten, doch ermöglicht sie unter gewissen Umständen auch, den Tod zu überlisten und einen Weg zurück ins Leben zu bahnen.

Eine beträchtliche Zahl an kleinen und größeren Tieren fiel dem Wissensdurst der Experimentatoren zum Opfer. Die Professoren BOSE und HAUSEN töteten in ihren Vorführungen Fliegen mit einem Funken aus der Fingerspitze. NOLLET ruhte nicht, bis er dies durch den Tod eines Spatzen übertreffen konnte. Manche der späteren Schausteller kündigten gar das Töten eines Ochsen durch Leidener Flaschen an. Oftmals wurden die Tiere anschließend seziert, um Spuren der Elektrizität zu finden, was aber nur selten gelang. Die Opfer von künstlichen Entladungen und natürlichen Blitzschlägen zeigen kaum Verletzungen, die als Todesursache ausreichen würden.

Dies war auch dem dänischen Arzt und Veterinärmediziner PETER CHRISTIAN ABILDGAARD aufgefallen. Obwohl das Herz längst nicht mehr schlug, kein Atem zu vernehmen war und die Körpertemperatur so niedrig ausfiel, dass praktisch kein Zweifel am Tod bestand, vermutete er, dass die Opfer in einer Art Ohnmacht ruhten, die sich womöglich durch einen Gegenschock aufheben ließe. Nachdem er im Jahr 1775 ein Huhn durch einen elektrischen

Schlag in den Kopf tötete, gelang es ihm jedoch nicht, es durch weitere Schläge am Kopf wieder zu erwecken. Doch:

> Ich probierte einen elektrischen Schock, gerichtet durch die Brust zum Rückgrat und dies nicht ohne Erfolg; denn plötzlich stand es auf und lief, frei auf den Boden gesetzt, ruhig auf seinen eigenen Füßen.
>
> Daraufhin, glücklich über diese Entdeckung, wiederholte ich das Experiment mit dem gleichen Ergebnis: Mit einem Schock in den Kopf wurde das Tier leblos gemacht und es erhob sich mit einem zweiten Schock durch die Brust. Jedoch, nachdem das Experiment recht häufig wiederholt wurde, war die Henne völlig benommen, lief mit einigen Schwierigkeiten und aß einen Tag und eine Nacht lang nicht; später ging es ihr sehr gut und sie legte sogar ein Ei. [13]

Weniger gut erging es einem Hahn, der einen Tag nach dem ersten Schock nicht mehr wiederzubeleben war, so sehr sich ABILDGAARD auch bemühte.
Der heftige elektrische Schlag, der alle Muskeln kontrahieren lässt, kann leicht das Herz aus seinem Rhythmus bringen. Verschiedene Teile der Herzkammern beginnen unkoordiniert zu zucken, seine komplizierte Selbststeuerung bricht zusammen, es ist außer Stande zu schlagen und Blut zu pumpen. Diese lebensbedrohliche Situation wird *Kammerflimmern* genannt und ist weit gefährlicher als kleinere Verbrennungen, die manchmal durch die Funken entstehen. Erst ein zweiter elektrischer Schlag, der das Herz durchströmt, bringt alle Muskeln gleichzeitig zur Kontraktion, wodurch das unkoordinierte Flimmern unterbrochen wird. Das Herz kann seine Schlagbewegung von alleine wieder aufnehmen. Heute werden auf diese Weise, mit *Defibrillatoren* und *Herzschrittmachern*, natürlich auftretende Herzrhythmusstörungen und Infarkte behandelt.
Leider zeigen nicht alle Anwendungen der elektrischen Kraft solche Erfolge. NOLLET versuchte vergebens, Gelähmte zu kurieren.

Umherziehende Heiler versprachen wahre Wunder durch die elektrischen Kräfte. Fieber, Rheuma, Krämpfe und Zuckungen sollten sich behandeln lassen, sogar gegen Zahnschmerzen wurden elektrische Schocks eingesetzt. Im Wesentlichen gab es drei „Behandlungsmethoden". Meist wurde das erkrankte Körperteil elektrischen Schlägen ausgesetzt. Doch wurde auch der ganze Körper isoliert und für längere Zeit aufgeladen, so dass die Haare zu Berge standen und im Dunkeln ein schwacher Schein um den Patienten zu sehen war. Dieses *elektrische Luftbad* soll angenehm entspannend gewirkt haben. Weniger entspannend musste die dritte Methode gewesen sein, bei der aus dem elektrisierten Patienten Blitze gezogen wurden. Solche Behandlungen beschränkten sich nicht einmal auf Menschen und Tiere, selbst Pflanzen sollten durch die befruchtende Lebenskraft gedüngt werden, indem sie mit elektrisiertem Wasser begossen wurden.
In der Euphorie jener Tage wurde der elektrische Lebensfunke an die Stelle der „alten tierischen Lebensgeister" gesetzt. Tatsächlich ist zum Leben weit mehr nötig als die Gabe von Elektrizität zu einem Körper. Doch könnten die elektrischen Kräfte durchaus ganz am Anfang des Lebens gestanden haben. Im Jahre 1953 mischten STANLEY MILLER und HAROLD C. UREY eine *Ursuppe* aus Wasser, Ammoniak, Methan und einigen weiteren Bestandteilen, die man auf der frühen, unbelebten Erde vermutete. Nachdem dieses Gebräu Blitzen ausgesetzt worden war, fand man darin in großer Zahl organische Moleküle, die Grundbausteine des Lebens. Im Grollen von Gewittern und ausbrechenden Vulkanen könnten durch die elektrischen Kräfte gerade jene Bedingungen geherrscht haben, die zur Entstehung des ersten, einfachen Lebens auf der Erde führten.

Abbildung 32: Pflanzen werden mit elektrisiertem Wasser besprüht.

Von Glimmen und Leuchten

APELS Garten vor der westlichen Stadtmauer Leipzigs zählte zu den schönsten und prächtigsten Barockgärten seiner Zeit. Alleen und Laubengänge führten zu versteckten Pavillons, Wege zwischen hohen Hecken verbanden Orangerien und Springbrunnen. Nischen und Ausbuchtungen waren mit meisterhaften Statuen geschmückt, zwischen den kunstvoll gestalteten Bäumen und Sträuchern fand man manch exotische Pflanze, etwa einen Kaffeebaum. Der Garten lud aber nicht nur zum Flanieren ein. Eigens angelegte Kanäle boten Gelegenheit zu Bootsfahrten, während der sommerlichen Wasserfeste sogar in der Nacht, im Schein zahlloser Fackeln. Überhaupt gab es im Garten viele Veranstaltungen. Venezianische Fischer führten einst ihre Bräuche vor, er wurde für Empfänge genutzt, für Geburtstagsfeiern der vornehmen Gesellschaft wie auch für Konzerte. An manchen Abenden konnte man dort sogar die Wunder einer neuen Zeit erleben, präsentiert durch den Leipziger Professor JOHANN HEINRICH WINKLER. Er war ein Gelehrter von großer Weitsicht, ein früher Pionier der Erforschung elektrischer Kräfte. Als einer der Ersten erahnte er den Zusammenhang zwischen Gewitterblitzen und Funken. Zudem erkannte er früh, dass sich mit den Kräften auch Nachrichten durch lange Kabel leiten ließen. Etwas ganz Besonderes hatte er sich ausgedacht, um seine adligen Gäste zu unterhalten. Um 1745 ließ er Glasröhren zu Buchstaben formen, pumpte die Luft heraus und brachte sie in die Nähe eines „stark electrisierten Metalls“. Er schrieb:

> Einige vornehme Personen, denen ich die electrischen Versuche zu zeigen die Ehre gehabt, sind besonders vergnüget worden, wenn sie von dem allerdurchlauchtigsten Namen

> Augustus Rex[19] die Anfangsbuchstaben in freyer Luft auf das hellste haben erleuchtet, und in einem Raume, da alles dunkel war, gleichsam brennen gesehen, und die wallende Fluth beobachtet, womit das electrische Licht die gläsernen Buchstaben auf einmal wie durchdrungen und erfüllet. [14]

Jahrtausende lang hatten die Menschen nur das Feuer, um Licht und etwas Sicherheit in finstere Nächte und dunkle Behausungen zu bringen. Neben dem schwachen Schein der oft qualmenden und rußenden Fackeln, Kerzen und Öllampen waren nur wenige andere Lichtquellen bekannt. Dazu gehörte das himmlische Licht von Sonne, Mond[20] und Sternen, die ehrfurchtgebietenden Nordlichter, der taghelle Lichtschauer eines Gewitterblitzes und das seltene, spukhafte Elmsfeuer. Sie alle wurden seit jeher mit übernatürlichem Wirken gleichgesetzt. Sonne, Mond und Sterne wurden in vielen Kulturen als Götter verehrt. Noch heute tragen die Planeten die Namen bedeutender römischer Gottheiten. Blitze und Donner galten als direkte Auswirkungen ihrer Macht. Die Bewohner des Nordens sahen in den blauen, grünen und roten Lichtbändern, die sich als *Aurora borealis* über den Himmel erstreckten, Zeichen der Götter oder der Geister ihrer Ahnen. In manchen Nächten war das Nordlicht bis weit in den Süden sichtbar, wo das seltene, meist feuerrote Glühen des Nachthimmels als böses Omen gedeutet wurde.

Viel willkommener war meist die Erscheinung des Elmsfeuers. Die Griechen und Römer schrieben es der Anwesenheit der mythischen Zwillinge Castor und Pollux zu, welche sie sicher durch den Sturm führen würden. Ihren heutigen Namen erhielt die Erscheinung im Mittelalter. Im Wunder der Flammen, die keinerlei Schaden anrichten, sahen die Seeleute die tatsächliche Anwesenheit

---

[19] zu Ehren Friedrich August I. von Sachsen, genannt August der Starke

[20] Heute wissen wir, dass der Mond nicht selbst leuchtet, sondern nur das Licht der Sonne reflektiert. In früheren Zeiten wurde er aber stets als Lichtquelle angesehen.

Erasmus von Antiochias, auf Italienisch St. Elmo, dem christlichen Schutzheiligen gegen Feuergefahr. Einen Eindruck ihrer großen Ehrfurcht im Angesicht einer solchen Begegnung liefert der Bericht einer Reise Christoph Kolumbus', als sein Schiff in Donner und beträchtlichen Regen geriet:

> St. Elmo zeigte sich im Vormast mit sieben flammenden Kegeln – das heißt, es wurden jene Feuer erblickt, von denen die Seeleute annehmen, dass sie der Körper des Heiligen sind. Augenblicklich wurden viele Litaneien und Gebete an Bord gesungen, denn die Seefahrer sind davon überzeugt, dass alle Gefahr vorüber ist, sobald St. Elmo sich zeigt. [5]

Neben all diesen wunderhaften Erscheinungen schimmerten nun in der Sommernacht im Barockgarten Lichter einer neuen Art. Die Besucher staunten über ein Leuchten aus der Leere des Vakuums, ohne jede Flamme, ohne Rauch oder Hitze, hervorgebracht durch neuartige und rätselhafte Kräfte. War es als Barometerleuchten noch ein spukhaftes Schimmern und in Hauksbees Kugel schon eine beherrschbare und doch erstaunliche Erscheinung, wurde es nun von Winkler in kunstvolle Formen gebracht und meisterhaft dargeboten. Lange bevor die ersten Gaslaternen die Straßen erhellten oder die Glühlampen aufkamen, hatte er die Leuchtröhren erfunden, die noch zweihundert Jahre später als farbenfrohe Leuchtreklamen die Menschen anlocken sollten. Noch ahnte niemand, wie sehr ihr künstliches Licht den fantastischen Leuchterscheinungen in der Atmosphäre ähnelt.

Blitze und Funken, Elmsfeuer und Nordlichter sind allesamt Erscheinungen des gleichen Wesens. Es hat keine feste Form und keine bestimmte Ausdehnung, solange es nicht in einem Gefäß gefangen ist. Eine eigene Gestalt verleihen ihm erst elektrische und magnetische Kräfte, auf die es äußerst empfindlich reagiert. Es formt, verzerrt und gestaltet diese Kräfte auf vielschichtige und komplizierte Weise, obwohl es selbst neutral ist, also aus gleich vielen positiven wie negativen Ladungen besteht. So wundert es kaum, dass diese Form der Materie nach dem griechischen Wort für Geschöpf, Wesen oder Kreatur *Plasma* genannt wird.

Mittels elektrischer Kräfte lassen sich Plasmen in vielerlei Gestalt hervorrufen und beherrschen. Sie können zum Schweben und Leuchten gebracht werden, Töne und Geräusche von sich geben. Plasmen können reinigen, Metalle durchtrennen, die Wundheilung unterstützen oder auch das Pflanzenwachstum beschleunigen[21]. Außerhalb unseres Planeten ist das Plasma der vorherrschende Zustand der Materie. Als intergalaktischer Nebel durchzieht es das gesamte Universum. Sterne wie die Sonne sind gewaltige Plasmabälle, die unvorstellbare Energiemengen abstrahlen. In unserer Umwelt kann es hingegen nur durch einen dauerhaften Zustrom an Energie existieren.

Auf Planeten wie der Erde hat sich durch das Wirken der elektrischen Kräfte die überwältigende Mehrzahl der Ladungen zu neutralen Atomen zusammengefunden. Doch auch in ihnen sind die Kräfte noch nicht perfekt ausgeglichen, so dass sich die Atome zu größeren Molekülen verbinden oder in gigantischer Zahl geordnete, feste Kristalle bilden. Aus wenigen Grundbausteinen entstehen so alle Substanzen unserer Welt mit all ihren verschiedenen Eigenschaften – im Wesentlichen getrieben von der elektrischen Kraft. Sie ist die Grundlage der Chemie.

Durch die Zufuhr von ausreichend Energie können alle Strukturen wieder aufbrechen. Wird eine Substanz beispielsweise erwärmt, zerfallen die Kristalle und Moleküle, bis nur noch ein Gas vorhanden ist. Noch größere Energiezufuhr löst selbst die Elektronen aus den Atomen, welche als positiv geladene *Ionen* zurückbleiben. Die getrennten Partner sind jedoch nie völlig frei. Die elektrische Kraft wirkt weiterhin auf sie ein, immer bestrebt, sie wieder zu vereinen und Ansammlungen gleicher Ladungen zu verhindern. Dazu setzt

[21] Im Gegensatz zu elektrisiertem Wasser verbessert eine Plasmabehandlung der Samen die Keimfähigkeit zahlreicher Pflanzen signifikant.

sie Ladungen in Bewegung, was magnetische Kräfte hervortreten lässt, die ihrerseits die Bewegungen beeinflussen. Dieser chaotische Zustand der Materie, bei dem eine nennenswerte Zahl der Atome eines Gases nicht mehr neutral, sondern ionisiert ist und durch elektrische sowie magnetische Kräfte gelenkt wird, ist das Plasma.

Es ist die Bewegung der Teilchen, die ein Licht entstehen lässt. Auf ihrem Weg stoßen einige Elektronen und Ionen mit solcher Wucht gegen andere Gasteilchen, dass deren Elektronen in Unordnung geraten. Doch schon nach wenigen Sekundenbruchteilen kehren die derart angeregten Elektronen wieder in ihren ursprünglichen Zustand zurück. Ein guter Teil der Stoßenergie, den sie zuvor aufgenommen hatten, wird dabei in Form von Licht abgegeben – ein Vorgang, den man *Lumineszenz* nennt. Noch heftigere Zusammenstöße können sogar Elektronen aus den getroffenen Teilchen herausschlagen, so dass sie selbst zu Ionen des Plasmas werden. Andere Elektronen der Teilchen können nun auf die freien Plätze aufrücken oder die Ionen fangen Elektronen aus dem Plasma ein. In jedem Fall wird ein Teil der Stoßenergie wieder frei. Ständig vereinen sich Elektronen und Ionen im Plasma, unablässig strahlen sie dabei Energie in Form von Licht, Wärme oder unsichtbarer Strahlung ab, bis die Energie des Plasmas verbraucht ist. Überhaupt immer, wenn eine Ladung beschleunigt oder gebremst wird, entsteht Strahlung. Das Licht selbst ist eine elektrische Erscheinung, das Licht an sich, alles Licht, das Licht der Sonne, das Licht einer Kerze, das Licht eines Glühwurms. Nehmt aus der Welt die Elektrizität und das Licht verschwindet[22].

In den Luftschichten nahe der Erde ist es nicht einfach, ein solches leuchtendes Plasma zu erzeugen. Es gibt nur wenige Ionen und freie Elektronen, die sich zudem nicht sehr schnell bewegen können. Die kilometerhohen Luftmassen pressen die Gasteilchen am Erdboden derart dicht zusammen, dass sie ständig aneinanderstoßen und schnellere Teilchen ausbremsen. Man müsste die Luft

---

[22] So formuliert in einem Vortrag von Heinrich Hertz [15].

stark erhitzen, um genügend Ladungen zu trennen und sie schnell genug aufeinandertreffen zu lassen. Doch gibt es auch andere Möglichkeiten, Energie in Licht zu verwandeln. Eine davon besteht darin, nicht das ganze Gas zu erhitzen, sondern nur einige leichte und flinke Elektronen zu beschleunigen. In einem starken elektrischen Kraftfeld, etwa an der Spitze eines geladenen Körpers, können die Elektronen so rasant beschleunigt werden, dass es ihnen trotz der geringen Abstände der Luftmoleküle gelingt, sie zum Leuchten anzuregen, oder gar Elektronen aus ihnen herauszuschlagen. Auch diese werden beschleunigt, prallen auf andere Teilchen, regen sie zum Leuchten an und lösen weitere Elektronen aus ihnen. Erst in einiger Entfernung, wenn die Kraft nicht mehr ausreicht, die Elektronen ausreichend zu beschleunigen, endet der Vorgang. Auf diese Weise entsteht eine verzweigte, büschelartige Lichtfigur, die man *Korona* nennt. In starken atmosphärischen Kraftfeldern, vor allem in der Nähe eines Gewitters, tritt sie auf natürliche Weise als wundersames, seltenes Elmsfeuer auf.

Selbstverständlich nutzte der findige Professor BOSE auch diese Erscheinung, um Eindruck bei seinen zahllosen Besuchern zu schinden. In der Leipziger Rüstkammer fand er eine Ritterrüstung, die über und über mit spitzen Nieten bestückt war. Angeschlossen an eine gute Elektrisiermaschine entsprang vielen Spitzen ein kleines, funkelndes Licht mit einem kometenhaften Schweif. Im polierten Metall der Rüstung wurden die Lichter reflektiert und ließen sie fast überirdisch funkeln. Beeindruckt von diesem Effekt erschuf BOSE seine *beatification*: eine spitzenbewährte Krone, die jeden, der sie aufsetze, mit einem Schimmer umgab, der an einen Heiligenschein erinnerte. Er dichtete dazu:

Wie man die Heiligen, ja selbst die Engel mahlt,
Wie das gemeine Volck von einem Irrwich prahlt,
So steht mein Held alsdenn in einem Schimmer-Glanze,
In einem feurigen, fast fürchterlichen Kranze. [16]

So schön und faszinierend die winzigen Lichter an den Metallspitzen sind, so gefährlich kann ihr Auftreten in der Natur sein. Entgegen der Überzeugung der Seefahrer ist ein Elmsfeuer keineswegs ein Zeichen, dass alle Gefahr vorüber ist. Augenblicklich kann es sich in eine todbringende Blitzentladung wandeln. Schon bei einer kleinen Zunahme der elektrischen Kraft können die Elektronen so viel Energie gewinnen, dass sie beim Stoß mit den Luftteilchen mehrere Elektronen aus ihnen herausschlagen. Auch diese werden stark beschleunigt und treffen auf weitere Luftmoleküle. Lawinenartig werden immer mehr Elektronen frei und riesige Ladungsströme entstehen. Die dabei auftretenden Magnetfelder schnüren alle Ladungen zu einem dünnen, verzweigten Faden von wenigen Millimeter Durchmesser zusammen: dem Blitz. Obwohl er aus den Bestandteilen vorher gut isolierender Luft besteht, gibt es darin so viele freie Ladungen, dass er weit besser leitet als jedes Metall. Der Blitzkanal leuchtet durch die vielen aneinanderstoßenden Ionen und Elektronen hell auf, die Luft wird auf über zwanzigtausend Grad erhitzt. Man vernimmt nicht mehr nur ein Rauschen, Surren oder Pfeifen wie bei den vielen kleinen Entladungen des Elmsfeuers, sondern den lauten Donnerknall explodierender Luft.

Die dichte Luft am Erdboden ist ein guter Isolator. Erst bei großen elektrischen Kräften zeigt sich ihr Leuchten. In der dünnen Luft in großen Höhen oder im verdünnten Gas in einem Vakuumgefäß treten die Erscheinungen schon bei viel kleineren Kräften auf. Die Gasteilchen sind dort so weit voneinander entfernt, dass die Elektronen auch bei geringerer Beschleunigung schnell genug werden, um das Gas zum Leuchten anzuregen. Im Barometer hat schon die Reibung des Quecksilbers am Glas ausgereicht, um den dünnen Quecksilberdampf glimmen zu lassen. Auch das dünne Restgas in HAUKSBEES Glaskugel oder in WINKLERS Röhren ließ sich mit verhältnismäßig geringem Aufwand zum Leuchten bringen. Die Zusammensetzung und der Druck des Gases entscheiden dabei über die Farbe. So leuchtet das Edelgas Neon rot, Xenon gibt blaues und Natriumdampf gelbes Licht ab. Die wenigen

Sauerstoffmoleküle in der hohen Atmosphäre, etwa zweihundert Kilometer über dem Erdboden, leuchten rot, während jene in hundert Kilometer Höhe bereits so oft zusammenstoßen und Energie miteinander austauschen, dass sie grünes Licht abstrahlen. Dies ist ein Grund für die Farbenpracht der Polarlichter. Ein Strom geladener Teilchen von der Sonne, den man *Sonnenwind* nennt, wird durch das Magnetfeld der Erde in die Polarregionen gelenkt. Mit hoher Geschwindigkeit trifft er auf die Atmosphäre und erzeugt dort ein atemberaubendes Schauspiel. Ein perfektes Vakuum leuchtet hingegen niemals.

Abbildung 33: In einem „Elektrischen Ei" kann Gas bei geringem Druck zum Leuchten gebracht werden.

Durch die Arbeit HAUKSBEES, WINKLERS und ihrer Nachfolger ist aus dem mystischen Wirken von Göttern oder Geistern, selbst aus der Anwesenheit eines Heiligen, in kurzer Zeit eine nützliche Lichtquelle im Glas geworden. Heute erhellen leuchtende Gase in zahllosen Formen die Nacht, beleuchten Industrieanlagen, Wohnstraßen, Fußgängerüberwege und so manches Haus. Das Erlebnis eines natürlichen Elmsfeuers ist kaum weniger faszinierend als in früheren Zeiten und wird doch völlig anders wahrgenommen. Es ist kein schicksalhafter Wink der Götter mehr, deren Willkür man ausgeliefert ist, sondern ein Zeichen, wie reich, vielfältig und wundersam die Natur ist. Darüber hinaus muss sich niemand mehr der Gefahr eines gewittrigen Sturms aussetzen. Inzwischen kann jeder in der Sicherheit der eigenen Behausung selbst ein kleines Elmsfeuer entfachen und sein Schauspiel bewundern.

Von Feuer und Wind

DER Erweckungsprediger JOHN WESLEY ging im November 1747 mit einigen Freunden aus, „um das zu sehen, was elektrische Experimente genannt wird". In seinem Tagebuch notierte er:

> Wie werden diese [elektrischen Experimente] all jene armen Halb-Denker erschüttern, die nichts glauben als das, was sie verstehen können? Wer kann verstehen, wie Feuer in Wasser lebt und es ungehinderter durchquert als Luft? Wie Flammen meinem Finger entströmen, echte Flammen, welche die Geister des Weines entzünden? Wie diese und viele ebenso sonderbare Phänomene aus dem Drehen einer gläsernen Kugel entstehen? [17]

Die „Anzündungen der Geister"[23] sorgten bei vielen Vorführungen der elektrischen Kräfte für größtes Erstaunen. In ihrer vollendetsten Form wurde Weingeist, *spiritus vini*[24], mit einem Eiszapfen berührt und begann für einige Zeit mit gut sichtbarer Flamme zu brennen. Wie nur konnte ein Feuer durch Eis entfacht werden? In Abwandlungen wurde die Flamme mit der Spitze eines Degens entzündet, oder, wie von WESLEY erwähnt, durch eine Berührung mit dem Finger. Ihre Weltpremiere feierte die Darbietung am 23. Januar des Jahres 1744 bei der Eröffnung der Preußischen Akademie der Wissenschaften. Ein metallener Löffel, gefüllt mit warmem *spiritus frobenii*[25] wurde an den Conductor einer Elektrisiermaschi-

[23] Kapitelüberschrift aus „Jakob Langenbuchers Beschreibung einer beträchtlich verbesserten Elektrisiermaschine", 1780.

[24] Ethanol

[25] Diethylether

Abbildung 34: Entzündung des *spiritus vini*. Die schnell drehende Glaskugel der Elektrisiermaschine erzeugt eine so starke elektrische Kraft, dass der daran angeschlossene Herr auf dem Isolierschemel die in einem Löffel gereichte Flüssigkeit durch einen Funken aus seinem Finger entzünden kann.

ne geführt. Die Wärme eines überspringenden Funkens entzündete das Gas über der Flüssigkeit und brachte sie so zum Brennen.
In jener Zeit diskutierten die Gelehrten, ob der „elektrische Stoff" nicht wesensgleich mit einem Feuer sei, das in allen Dingen verborgen liege, bis man es heraustreibe und es sich als Lichtschein oder Funke zeige. JOSEPH HILLER formulierte dies bei der Vorführung einer elektrisierten Dame folgendermaßen:

> Sie sind nun, werte Dame, erfüllt von Feuer, einem Feuer der reinsten Art. Es verursacht keine Schmerzen, solange Sie es in ihrem eigenen Körper bewahren, doch Sie leiden, wenn sie es mit anderen teilen. Niemand kann sich ihrer Hand oder Wange nähern, ohne sich seiner Anmaßung bewusst zu werden. [18]

Die Entzündung der Flüssigkeiten bewies, dass das „elektrische Feuer“ im Stande ist, echtes Feuer zu entfachen. Die elektrischen Kräfte beschränken sich aber nicht nur auf das Hervorbringen eines Feuers.

Die Bestandteile der meisten festen Stoffe, wie Salz, Eisen, Schwefel oder Eis, haben sich durch elektrische Kräfte in einem festen, regelmäßigen Kristallgitter angeordnet. Wenn die Substanzen erhitzt werden, schmelzen sie. Die zugeführte Energie bewirkt nichts anderes als eine zunehmende Bewegung, ein chaotisches Zittern und Schwingen der Atome und Moleküle, bis sich die feste Struktur auflöst. Auch in der entstehenden Flüssigkeit bewegen sich die Teilchen immer schneller, je weiter man die Temperatur erhöht. Noch bleiben sie durch die elektrischen Kräfte aber aneinander gebunden. Fährt man mit dem Erhitzen fort, wird die Flüssigkeit zu kochen beginnen. Erst jetzt gelingt es einer größeren Zahl der schnellsten Teilchen, den Wechselwirkungen der Flüssigkeit zu entfliehen und als Dampf aufzusteigen. Fängt man dieses Gas ein und fügt durch Erhitzen noch mehr Energie hinzu, stoßen die Teilchen mit so großer Wucht aneinander, dass sich auch ihre Struktur aufzulösen beginnt: Einige Elektronen lösen sich von den neutralen Atomen und ein Plasma entsteht. Alle diese Prozesse finden gleichzeitig beim Brennen einer Kerze statt. Das Wachs wird flüssig, steigt den Docht hinauf, wo es schließlich verdampft und unter großer Hitze mit dem Sauerstoff der Luft verbrennt. In der sichtbaren Flamme existiert ein Plasma, genährt von der Hitze der chemischen Reaktion, die in ihr abläuft. Wie jedes Plasma lässt sich ein Feuer durch elektrische Kräfte kontrollieren.

In einem elektrischen Kraftfeld, etwa nahe der Hand einer elektrisierten Person, wird eine Flamme gespalten. Ist die Hand negativ geladen, stößt sie die Elektronen der Flamme ab, die sichtbar glühenden positiven Ionen werden hingegen angezogen. Je stärker die Kräfte sind, desto weiter neigt sich die Flamme. Ein positiv geladener Körper zeigt den gegenteiligen Effekt und scheint die Flamme abzustoßen – wobei aber auch jene Seite recht heiß wird, von der sich die sichtbare Flamme fortneigt. Bei alldem hat nicht nur der geladene Körper einen Einfluss auf das Feuer, auch umgekehrt beeinflusst die Flamme den Körper: Die vielen freien Ladungen des Kerzenplasmas erhöhen die Leitfähigkeit der Luft, so dass sich alle Gegenstände in ihrer Nähe schnell entladen. Damit lässt sich ein Feuer noch für ganz andere Aufgaben einsetzen.

Die Einwohner der kleinen Stadt Wirksworth im englischen Derbyshire müssen sich einigermaßen gewundert haben über ihren Pfarrer ABRAHAM BENNET. Man konnte zuweilen beobachten, wie er am helllichten Tag mit einer Fackel umherlief, sie etwa eine Minute lang über seinen Kopf hob und dann schnell im Haus verschwand. In dichtestem Winternebel ließ er Drachen steigen. Manchmal sah man ihn mit einer lanzenartigen Stange, an deren Spitze eine Laterne baumelte. Auch bei Regenwetter konnte man ihn unter einem eigenartigen Regenschirm antreffen, nicht selten mit seiner lodernden Fackel in der Hand. Das Ziel dieser zahlreichen Unternehmungen war es, die elektrische Kraft in der Atmosphäre zu messen. Da diese meist sehr klein war, hatte sich BENNET einige trickreiche Dinge überlegt. So erfand er das empfindlichste Messgerät für elektrische Kräfte seiner Zeit und das bereits erwähnte Verfahren der Verdopplung, mit der sich geringste Ladungsüberschüsse immens verstärken ließen. Zudem nutzte er das Feuer zum Sammeln der Ladungen aus der Luft – eine Vorrichtung, die man heute *Flammensonde* nennt. Je nach Wetterlage wirkt die elektrische Kraft in der Atmosphäre darauf hin, allen Körpern Elektronen zu entreißen oder zusätzliche auf sie zu zwingen. Gerade trockene Luft ist aber ein hervorragender Isolator. Selbst in den großen Kraftfeldern an scharfen Spitzen werden nur verhältnismäßig wenig Ladungen mit der Luft ausgetauscht. Im dichten Gas stoßen die wenigen Ionen zudem ständig mit Luftmolekülen zusammen, so dass sie sich nicht besonders schnell bewegen können. Durch die große Zahl der geladenen Teilchen einer Flamme ändert sich dies deutlich. BENNET hielt einen Draht in das Feuer, der mit einem Messgerät oder einer Leidener

Flasche verbunden war. Der Draht konnte nun problemlos Elektronen aufnehmen oder an die positiven Teilchen im Feuer abgeben, bis die von ihm ausgehenden Kräfte im Gleichgewicht mit denen der Atmosphäre waren. Erstaunlich genaue Informationen ließen sich auf diese Weise gewinnen. In späteren Zeiten wurden solche Messungen in aufwändigen Observatorien durchgeführt, etwa in Kew, dem heutigen Stadtteil Londons. Aus einer Kuppel auf dem Dach eines Gebäudes ragte eine lange Stange in die Höhe, an deren oberem Ende in einer Laterne ein ständiges Feuer brannte. Auf diese Weise wurde lange das besondere Wesen des Feuers genutzt, um Dinge zu erfahren, für die unsere Sinne sonst blind wären.

HAUKSBEE hatte bereits eine Ahnung von der Ursache des Leuchtens. Durch die Reibung der Hand entstanden an der schnell rotierenden gläsernen Kugel enorme Kräfte, deren elektrische Natur er erkannte. Hatte GUERICKE seine Glaskugel noch zerbrochen, stelle man nun fest, dass sich Glas viel besser als Schwefel eignet, um die geheimnisvollen Erscheinungen hervorzubringen. Noch immer aber erregten die elektrischen Phänomene nur wenig Aufsehen.

Schließlich ist die elektrische Kraft nicht nur in der Lage, eine Flamme zu entfachen und zu bewegen, sondern auch, sie zu löschen. In einem sehr starken Kraftfeld wird die Flamme eine Kerze einfach vom Docht gestoßen. Sie wird mit einer solchen Heftigkeit zerrissen, dass sie augenblicklich verlischt. Es lässt sich dann gut beobachten, dass sich sowohl der Rauch als auch die übrigen heißen Dämpfe trennen. Ein Teil strömt auf den geladenen Körper zu, der andere von ihm fort. Doch auch schon geringere elektrische Kräfte reichen aus, ein Feuer zum Verschwinden zu bringen. Am elegantesten gelingt dies mit dem starken Kraftfeld einer metallenen Spitze. Schon bevor eine Koronaentladung entsteht und Plasma erzeugt, ionisiert die Spitze einige Luftmoleküle. Eine positive Spitze entreißt nahen Luftteilchen Elektronen, eine negativ geladene Spitze zwingt den Gasmolekülen zusätzliche auf. Die so entstehenden Ionen haben die gleiche Ladung wie die Spitze und werden von ihr abgestoßen. Sie strömen hinfort und reißen durch Stöße weitere

Abbildung 35: Der Ionenwind an einer geladenen Spitze bläst eine Kerze aus.

Luftteilchen mit sich. Es entsteht ein *Ionenwind*, der leicht die Kerze auspustet. Auf diese Weise kann durch die elektrische Kraft ein stetiger Luftstrom erzeugt werden, völlig ohne bewegliche Teile, wie sie etwa bei einem Ventilator nötig sind.

Vom Bewegen und Schweben

DER große Amerikaner BENJAMIN FRANKLIN besaß eine bemerkenswerte Glocke. Immer wenn ein Gewitter heraufzog, begann sie wie von Geisterhand zu läuten. Sie warnte aber nicht nur vor der nahenden Naturgewalt. Ebenso zuverlässig zeigte sie ihrem Besitzer an, wann die elektrische Kraft in der Atmosphäre groß genug war, um sie für Experimente zu nutzen. Erfunden wurde ihr Prinzip 1745 vom Erfurter Kleriker ANDREAS GORDON. Es beruht auf der grundlegenden und doch so ungewöhnlich erscheinenden Wirkung der elektrischen Ladungen, dass sie völlig ohne eine materielle Verbindung im Stande sind, Körper anzuziehen und abstoßen. GORDON hatte eines von zwei Glöckchen leitend mit der Erde verbunden, das andere jedoch gut von ihr isoliert und stattdessen elektrisch aufgeladen. Zwischen beiden Glocken hing als Klöppel eine kleine Messingkugel an einem langen, seidenen Faden. Durch die Influenzwirkung der geladenen Glocke wurde der Klöppel immer weiter zu ihr hingezogen. Als er sie schließlich berührte, wurde er gleichsam zur Glocke aufgeladen und sofort von ihr hinfortgestoßen. Er pendelte zur anderen Glocke, die ihn nun ihrerseits kräftig anzog. Sobald er sie mit einem lauten Klingen berührte, wurde er umgeladen und zurück zur ersten Glocke gestoßen. Das Spiel begann von Neuem und ein helles Läuten ertönte. Die Besonderheit von FRANKLINS Glocke war nun, dass sie durch eine *Blitzstange* aufgeladen wurde: Sie war verbunden mit einem hoch aus der Umgebung aufragenden, an der Oberseite scharf angespitzten und gut von der Erde isolierten Metallstab. Bei heraufziehendem Gewitter wurde die elektrische Kraft zwischen der Erde und den Wolken – und damit auch zwischen den Glocken – so groß, dass sich die Apparatur in Bewegung setzte.

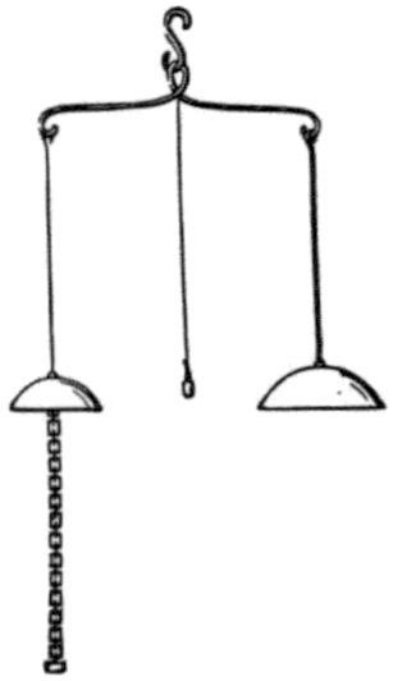

Abbildung 36: Ein elektrisches Glockenspiel.

Es war nicht immer ein Gewitter nötig, um einen Glockenton erklingen zu lassen. Manchmal reichte es schon aus, wenn nur eine dunkle, geladene Wolke über die Blitzstange zog. Für gewöhnlich bleiben uns diese Kräfte des Himmels verborgen, obwohl sie mühelos im Stande sind, Gerätschaften anzutreiben und manch eine Erscheinung hervorzubringen. Es stellte sich aber als äußerst gefährlich heraus, die Elektrizität auf diese Weise aus dem Himmel zu holen. Wie schon FRANKLIN beschrieb, können die Kräfte sehr groß werden:

> Eines Nachts wurde ich von lauten Knallen geweckt. [...] Ich bemerkte, dass die Messingkugel, anstatt wie üblich zwischen den Glocken zu vibrieren, abgestoßen und in einigem Abstand von beiden gehalten wurde; während ein Feuer von Glocke zu Glocke ging, manchmal in sehr großen, schnellen Sprüngen und manchmal in einem fortwährenden, dichten, weißen Strom, in etwa so dick wie mein Finger, wobei der ganze Raum wie von Sonnenlicht beleuchtet war, so dass man eine Nadel hätte aufheben könnten. [19]

Bei einem ähnlichen Ereignis starb 1753 der Gelehrte GEORG WILHELM RICHMANN in Sankt Petersburg, als ein Blitz in seinen hoch aufragenden „Blitzfänger" einschlug und in den Kopf des unglücklichen Wissenschaftlers geleitet wurde. Er war der prominenteste Physiker, der für seine Neugier und Unbekümmertheit im Umgang mit den elektrischen Kräften zu bezahlen hatte. Vielleicht hätten ihn die beschriebenen Glocken davor bewahrt, hätte der Blitz doch einfach den kleinen Spalt zur geerdeten Glocke überwinden und abfließen können. Doch der Weg eines Blitzes ist unberechenbar und aus gutem Grund verzichtete man seither darauf, Gerätschaften mit der Kraft eines Gewitters in Bewegung zu setzten.

Abbildung 37: Das Versorium von Gilbert.

GORDONS Glocke war nicht die einzige und bei weitem nicht die wundersamste Apparatur, die durch elektrische Kräfte in Bewegung versetzt wurde. Bereits im Jahre 1600 veröffentlichte WILLIAM GILBERT, Leibarzt der englischen Königin, das revolutionäre Werk „De magnete". Es gilt als Beginn der Erforschung der elektrischen Kraftwirkung. Zum ersten Mal wurden sorgfältig magnetische von elektrischen Phänomenen unterschieden, selbst ihren heutigen Namen nach der griechischen Bezeichnung des Bernsteins verlieh GILBERT der elektrischen Kraft in diesem Werk. Zudem enthält es die erste Beschreibung eines *Versoriums*. Genau wie ein Kompass immer die Richtung des Magnetfeldes angibt, weist ein Versorium stets in jene Richtung, in der die elektrische Kraft wirkt. Auch der Aufbau ist sehr ähnlich: Ein leitender Zeiger wird frei rotierend wie eine Kompassnadel angebracht. Im Gegensatz zu dieser muss der Zeiger aber aus einem nicht-magnetischen Material wie Kupfer oder Messing bestehen, so dass er von magnetischen Kräften unbeeinflusst bleibt. Durch die Influenz wirken alle unausgeglichenen Ladungen in der Umgebung auf den Zeiger ein und er wird sich gerade so ausrichten, dass seine in den Spitzen konzentrierten Ladungen die Ungleichgewichte bestmöglich verringern. Bereits mit einem so einfachen Instrument konnte GILBERT Bedeutendes über den Verlauf der elektrischen Kraft herausfinden[26]. Auch GILBERTS Nachfolger nutzen eifrig die Anziehung und Abstoßung. Filigrane Zeiger und Goldblättchen in gläsernen Gefäßen

[26] Ein Versorium nach GILBERT zeigt nicht an, ob ein Gegenstand positiv oder negativ geladen ist. Um dies zu erreichen, müsste der Zeiger durch ein Elektret ersetzt werden, genauso wie beim Kompass die Nadel selbst ein Magnet sein muss.

Abbildung 38: Die anziehende und abstoßende Wirkung sorgte nicht nur für immer bessere Messungen der elektrischen Kraft, etwa mit einem *Elektrometer* (links) oder einem empfindlichen *Goldblatt-Elektroskop*, sondern auch für hin- und her pendelnde Spinnen, tanzende Figuren im Kondensator, haarsträubende Puppen, aufwärts rollende Räder oder einen Hagelschauer in der Glasglocke.

sorgten bald für immer empfindlichere Messungen und ein besseres Verständnis der elektrischen Kräfte. Zwischen der geladenen Hand des schwebenden Jungen und dem geerdeten Tisch flogen die Messingschnipsel genauso auf und ab wie einige Jahre später das Pendel zwischen den Glocken hin und her schwang. Überhaupt lud diese Anwendung der elektrischen Kräfte zu vielen Spielereien ein. Den Messingschnipseln wurde oft die Form von Männchen gegeben, die zwischen zwei unterschiedlich geladenen Metallplatten auf- und ab hüpften. Es wurden aufwändige Puppen gefertigt, deren Arme und Beine sich tanzartig bewegten. Holundermarkkügelchen wurden mit acht Metallfäden versehen und als „elektrische Spinnen" mit hektisch umschlagenden Beinchen über einen Tisch rennen gelassen oder Wettkämpfe mit kleinen Booten im Wasser ausgetragen, die man mit geladenen Stäben anzog. Wippen nach Art des Pendels schaukelten Figuren in Kinderzimmern. Besonders aufwändig waren Spieluhren und wundersame mechanische Kunstwerke, bewegt durch elektrische Kräfte in ausgeklügelten Motoren. Im Grundsatz funktionierten auch sie meist wie das Pendel zwischen den Glocken. Bewegliche Körper wurden geladen, von festen Gegenständen angezogen oder abgestoßen und im richtigen Moment umgeladen. Im Gegensatz zum Pendel schwangen sie dabei nicht hin und her, sondern bewegten sich auf einer Kreisbahn. Solche Motoren waren nicht besonders stark, konnten sich dafür aber umso schneller drehen.

Manche dieser Motoren lassen sich sogar ohne viele Bauteile fertigen. Es genügt bereits eine isolierende, leicht drehbare Walze, umgeben von rasiermesserscharf angespitzten Leitern. Diese werden abwechselnd an die beiden Pole einer Elektrisiermaschine angeschlossen. Im starken Kraftfeld der Spitzen entsteht ein Ionenwind, der Ladungen auf die Walze sprüht. Einige Ladungen werden dort gefangen und weiterhin von den Spitzen abgestoßen. Die gesamte Walze beginnt sich zu drehen, an den nächsten Spitzen werden die Ladungen getauscht und die Walze rotiert immer schneller. Wegen der Koronaentladungen an den Leitern nennt man solche Anordnungen *Koronamotoren*.

Es wird aber nicht nur der Ionenwind von den Spitzen abgestoßen, auch die Spitzen stoßen sich von den geladenen Gasteilchen ab. Dieser *Rückstoß* lässt sich sehr elegant mit einem *Spitzenrad* nutzen, um eine Drehbewegung zu erzeugen. Dazu wird ein Draht wie ein „S“ gebogen und in der Mitte gut drehbar gelagert. Der Rückstoß an beiden Enden des Drahtes reicht aus, um mechanische Modelle zu bewegen. Beliebt war ein kleines Planetarium, das auf diese Weise betrieben wurde, aber auch einige Kinderspielzeuge beruhten auf einem solchen *Rückstoßmotor*.

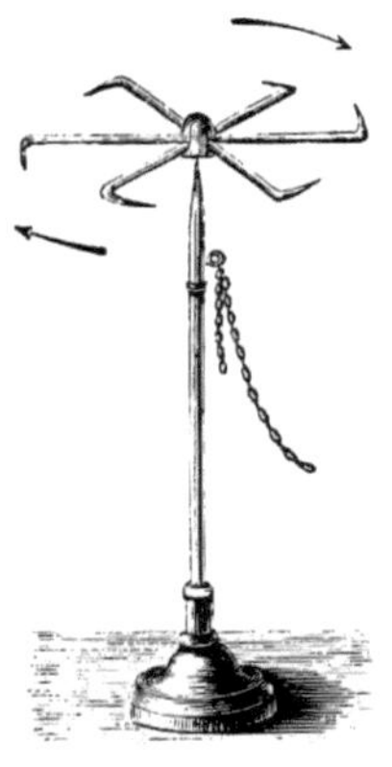

Abbildung 39: Ein Spitzenrad dreht sich durch den Rückstoß des Ionenwinds, der an den Spitzen entsteht.

So faszinierend schon Räderwerke und mechanische Wunderdinge sein können, die ohne klar erkennbaren Antrieb zum Leben erwachen, womöglich umgeben von Funken und Koronalicht, verheißt doch gerade die abstoßende Wirkung der elektrischen Kraft noch Fantastischeres. Sollte es nicht möglich sein, Körper schweben zu lassen? Sich vielleicht sogar selbst in die Luft zu erheben und schwerelos auf die Welt herabzublicken? Im Jahre 1842 veröffentlichte SAMUEL EARNSHAW einen grundlegenden Hinweis, wie dies gelingen könnte. Sein unumstößliches Theorem besagt, dass zum Schweben mit elektrischen Kräften Bewegung nötig ist. Mit ruhenden Ladungen allein lässt sich kein Kraftfeld erzeugen, in dem ein geladener Körper frei schwebend zur Ruhe kommen könnte. Ganz egal, wie man die Ladungen anordnet und die Kräfte arrangiert, er fällt entweder zu Boden, setzte sich in einer Raumecke fest, treibt gegen eine Wand oder die Decke. Nur, wenn entweder die Ladungen oder der Körper auf geeignete Weise bewegt werden, ist ein stabiles Schweben möglich.

Die einfachste Möglichkeit ist es, den geladenen Gegenstand ständig auszubalancieren. Es ist kein Zufall, dass GUERICKE gerade Daunenfedern mit seiner Schwefelkugel schweben lassen konnte. Auch GRAY war im Stande, mit seinem Glasstab geladene Seifenblasen in der Luft halten. Diese Gegenstände fallen so langsam zu Boden, dass sie sich mit etwas Geschick wieder nach oben treiben lassen. Unweigerlich versuchen sie dabei, seitlich auszuweichen. Für schneller herabfallende Gegenstände müsste das Kraftfeld aber so flink geändert werden, dass es ein Mensch mit einem geladenen Gegenstand kaum noch bewerkstelligen kann. Diese Aufgabe können uns inzwischen aber Regelkreise aus moderner Elektronik abnehmen, so dass Gegenstände über speziell präparierten Plattformen umherfliegen können.

Einige Gegenstände sind sogar in der Lage, sich selbst auszubalancieren. So kann ein elektrisch geladener Kreisel in einem speziellen Kraftfeld schweben, so lange seine Drehbewegung nur schnell genug ist. Bei anderen Gegenständen reicht es aus, nur die elektrischen Ladungen statt der ganzen Körper zu bewegen. Es können etwa Messingschnipsel verhältnismäßig einfach in der Schwebe gehalten werden, wenn man ihnen eine bestimmte Form gibt. Statt hüpfender und tanzender Figuren müssen sie die Form eines Rechtecks bekommen, dessen obere Ecken großzügig abgerundet werden. Im Kraftfeld zwischen zwei unterschiedlich geladenen Metall-

Abbildung 40: Ein Käfig schwebt aufgrund seiner Form im Kondensator.

platten schwebt diese Gestalt dauerhaft umher, ohne die Platten zu berühren. Wenn sie absinkt und der unteren Platte zu nahekommt, wird die Kraft an den Kanten groß genug, dass sich zusätzliche Ladungen von der Platte auf die Metallfolie bewegen können. Sie wird stärker abgestoßen und steigt wieder auf. Auf gleiche Weise sollte es einem Vogelkäfig-artig geformten Faradaykäfig möglich sein, zwischen den Platten zu schweben und dabei seinen mitfliegenden Inhalt vor der elektrischen Kraft zu schützen.

Die starken Kräfte an Spitzen und Kanten eigenen sich auch noch auf ganz andere Weise zum Schweben. Man kann den Rückstoß des Ionenwinds ausnutzen. Wenn viele Spitzen in die gleiche Richtung zeigen, entsteht ganz ohne bewegliche Teile eine Schubkraft, wie sie sonst nur durch Propeller oder Raketentriebwerke erzeugt wird. Sehr geschickt lässt sich dies mittels einer Art Flügel nutzen, der mit leitfähigem Material überzogen ist. An seiner Vorderseite ragen isolierende Stäbe heraus und spannen einen dünnen Draht. Werden Draht und Flügel an die unterschiedlichen Pole einer Elektrisiermaschine angeschlossen, steigt die elektrische Kraft am feinen Metallfaden so weit an, dass er die Luft in seiner Umgebung auflädt. Die Ionen bewegen sich zum Flügel, stoßen an ungeladene Luftteilchen und reißen sie mit. Schließlich umströmen sie den

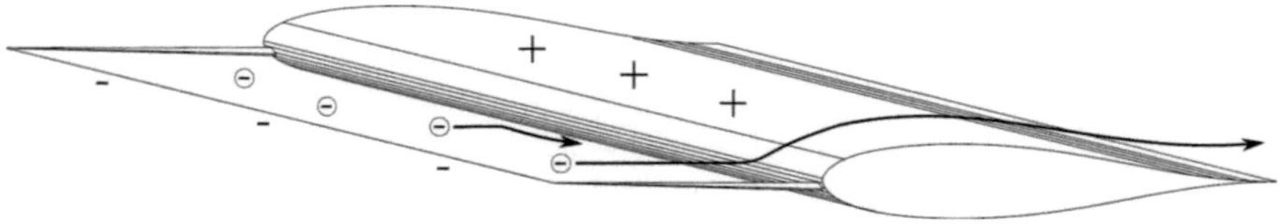

Abbildung 41: Ein Elektrischer Flügel. Der feine Draht vor dem Flügel wird negativ geladen und ionisiert einige Luftteilchen, die vom Flügel angezogen werden und ihn schließlich umströmen. Dabei verlieren sie ihre zuvor aufgenommene Ladung wieder. So entsteht zwischen Flügel und Draht ein Bereich negativ geladener Luft, die den Draht abstößt und den Flügel anzieht und ihn so durch die Luft bewegt.

Flügel, so dass sich ihre Ladungen wieder ausgleichen. Zwischen Draht und Flügel entsteht auf diese Weise eine Wolke aus Ionen, von denen der Draht abgestoßen und der Flügel angezogen wird, so dass er sich durch die Luft bewegt. Meist werden mehrere solcher Flügel so verbunden, dass der Wind nach unten gerichtet ist. Ein solcher *Lifter* hebt senkrecht ab und kann ohne sichtbare Bewegungen in der Luft verharren, höchstens umgeben von einer schwach schimmernden Korona. Leider ist es bisher nicht gelungen, die zum Betrieb nötige Elektrisiermaschine so leicht zu fertigen, dass sie mitfliegen kann. In vielerlei Hinsicht verfeinert, findet dieses Prinzip aber bei *Ionenstrahltriebwerken* für Satelliten eine Anwendung. Ein mitgeführtes Gas wird zu einem Plasma erhitzt und die positiv geladenen Ionen in einem elektrischen Kraftfeld stark beschleunigt. Dabei stößt sich das Triebwerk von den Ionen ab, die es schließlich als schneller Strahl verlassen. Die überschüssigen Elektronen werden separat in den Ionenstrahl gesprüht, um zu verhindern, dass sich der Satellit selbst immer weiter auflädt.

Die elektrische Kraft bietet viele Möglichkeiten, Dinge zu bewegen ohne sie in irgendeiner Weise berühren zu müssen, sie aufsteigen zu lassen und in der Schwebe zu halten. Dabei ist sie nicht einmal auf kleine oder leichte Objekte beschränkt. Im Prinzip lässt sich mit ihr alles in Bewegung setzen. In unserem Alltag spielen diese Fähigkeiten aber kaum eine Rolle. Die Natur bietet etliche weitere Möglichkeiten, gerade wenn es um das Fliegen geht, die einfacher und bequemer, aber auch deutlich weniger wundersam erscheinen.

Von Wasser und Eis

Noch im hohen Alter saß Sir William Armstrong im Arbeitszimmer seines Landsitzes, der schon damals als „Palast eines modernen Magiers“ beschrieben wurde. Wie sonst sollte man ausdrücken, was es dort zu sehen gab? Mehrere Seen waren in den Boden gesprengt worden und der karge Felsen verwandelte sich durch Millionen eigens angepflanzter Bäume und Büsche in eine grüne Idylle. Nachts wurde das Anwesen von den ersten Glühlampen erhellt, betrieben von einem eigenen elektrischen Wasserkraftwerk, dem ersten der Welt. Wasserturbinen und Räderwerke im Keller trieben selbst-arbeitende Küchengeräte an. Ein Aufzug, Geschirrspülmaschinen und fließend warmes Wasser erleichterten das Leben auch für die Angestellten in einer Zeit, als die meisten Wohnungen nicht einmal eine eigene Toilette boten. Zudem zuckten in mancher Nacht gewaltige Blitze hinter den Fenstern des einsamen Herrenhauses.

Schon lange bevor Armstrong durch seine zahlreichen Erfindungen von einem Anwalt zu einem der größten Industriellen der viktorianischen Zeit und zu einem der reichsten Männer Europas wurde, beschäftigte er sich mit elektrischen Kräften. Er hörte von Beobachtungen, die der Maschinist William Patterson im Herbst 1840 an einer Dampfmaschine in den Bergwerken gemacht hatte. Aus Versehen war dieser in einen Dampfstrahl geraten, der aus einem Riss im Kessel entwich. Als er daraufhin das eiserne Sicherheitsventil betätigen wollte, sprang ein Funke über und ein heftiger elektrischer Schlag erschütterte seinen Arm. Wasserdampf wurde stets als größtes Hindernis bei elektrischen Experimenten angesehen, führte die Feuchtigkeit in der Luft doch zu einem dünnen Wasserfilm auf allen Oberflächen. Gerade Glasisolatoren wurden dadurch schwach leitend und die elektrischen Apparaturen entluden sich. Viele Erscheinungen zeigten sich vor allem im trocknen Winter statt in der feuchten Sommerluft. Vorführungen, die für gewöhnlich gut gelangen, scheiterten, wenn zu viele Zuschauer anwesend waren und durch ihren Atem die Luftfeuchtigkeit anstieg. Große Anstrengungen waren nötig, um vor Experimenten die Maschinen am Feuer zu trockenen oder die Isolatoren mit wasserabweisendem Wachs einzureiben.

ARMSTRONG untersuchte das überraschende Erscheinen der elektrischen Kraft im Wasserdampf und erfand dabei die Dampf-Elektrisiermaschine. Er isolierte einen Kessel mit Glasfüßen von der Erde und ließ den Dampf, versetzt mit kleinen Wassertropfen, unter hohem Druck aus hölzernen Röhrchen ausströmen. Durch die Reibung der Tropfen an den Rohren verblieben Elektronen auf dem Kessel, dessen negative Ladung immer weiter anstieg. Gegenstände im positiven Dampfstrom wurden entsprechend positiv geladen. Eine besonders merkwürdige Beobachtung, die er mit Hilfe der Maschine machte, ließ ARMSTRONG keine Ruhe. Im Jahre 1893, mit über achtzig Jahren, unternahm er erneut Experimente. Bald schon rotierten die Scheiben einer riesigen Influenzmaschine und ließen kräftige Blitze erzucken. In einem Buch schrieb der alte Mann dazu:

> Vor mehr als einem halben Jahrhundert, als ich meine große Dampf-Elektrisiermaschine benutzte, [...] stieß ich auf ein bemerkenswertes Experiment. Ich nahm zwei Weingläser, füllte sie bis zum Rand mit chemisch reinem Wasser und verband sie mit einem Baumwollfaden, aufgerollt in einem Glas und mit dem kürzeren Ende in das andere getaucht. Die beiden Gläser wurden mit der Maschine verbunden, das eine, welches die Fadenspule beinhaltete, mit einem negativen Kabel und das andere mit einer positiven Verbindung. Bei Inbetriebnahme der Maschine wurde der aufgerollte Faden rasch aus dem negativen Gefäß gezogen und im positiven

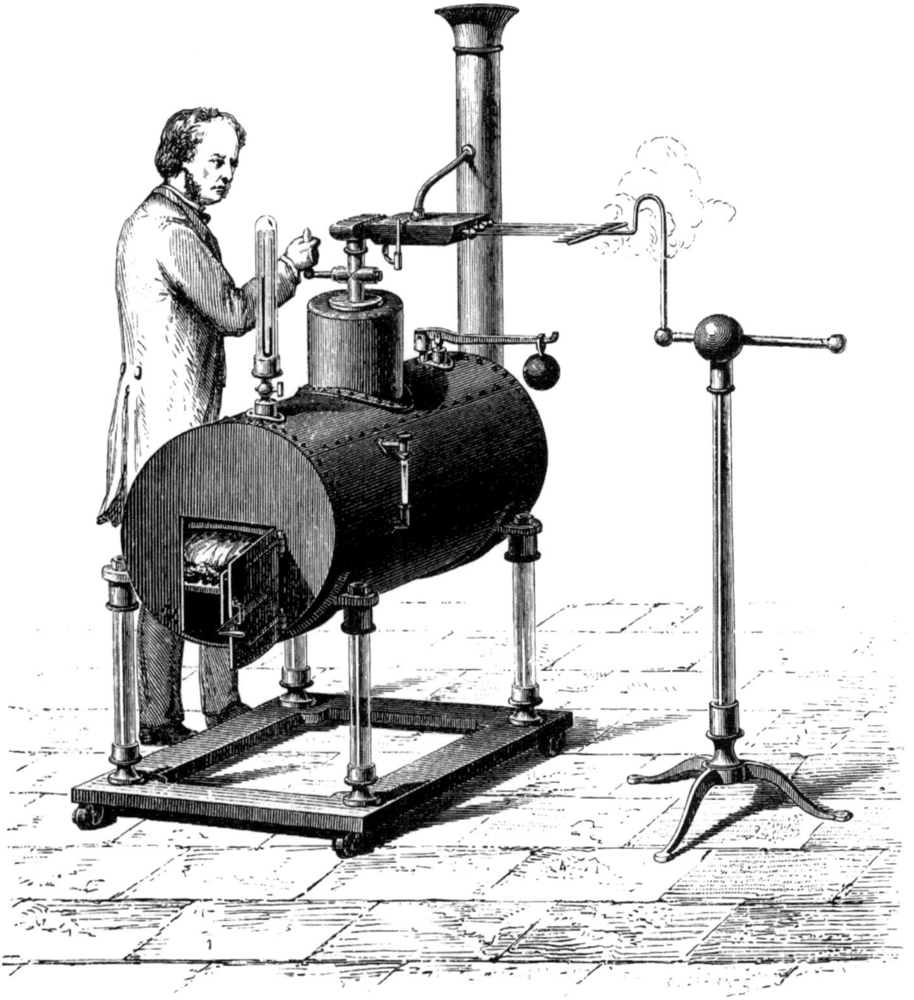

Abbildung 42: Eine sonderbare Kraft entströmt dem Kessel: Die Dampf-Elektrisiermaschine.

> deponiert. Für einige Momente hinterließ er ein Faden aus Wasser, etwa 3 Zoll[27] lang, zwischen den Rändern der Gläser hängend. [...]
>
> Es war immer meine Absicht, diesem Sachverhalt weiter nachzugehen, sobald ich mich mit einem ausreichend kraftvollen Apparat ausstatten könnte und die Muße fände, mich ihm zu widmen. Dies, indes, gelang mir nicht bis vor sehr wenigen Jahren und bis dahin blieb das Experiment ungenutzt und unbemerkt. [20]

Die Erscheinung geriet jedoch erneut in Vergessenheit. Erst über hundert Jahre später offenbarte das Wasser erneut die unerwartete Eigenart, durch starke elektrische Kräfte einen Faden zu bilden. Dabei zeigte sich, dass kein Seil nötig ist, um den Wasserfaden hervorzurufen. Wenn zwei Gläser dicht beieinanderstehen, randhoch gefüllt mit reinem, mehrfach destilliertem Wasser, und der Inhalt des einen Glases fortwährend negativ, der des anderen positiv geladen wird, so steigt die Flüssigkeit über die Ränder hinweg und bildet eine dünne Brücke. Werden die elektrischen Kräfte nun behutsam erhöht, lassen sich die Gefäße auseinanderziehen, ohne dass die Verbindung abreißt. Ein immer längerer, schlanker Faden aus nichts als Wasser wird sichtbar, der mal schwankt und vibriert, mal völlig ruhig scheint. Er lässt sich einige Zentimeter weit spannen und kann in einer sauberen Umgebung lange Zeit bestehen. Heute ist die Erscheinung als „schwebende Wasserbrücke" bekannt und noch immer voller Rätsel.

Obwohl Wasser die häufigste, wichtigste und gewöhnlichste Flüssigkeit auf unserem Planeten ist, hat es viele ungewöhnliche Eigenschaften. Während die meisten Körper immer weiter schrumpfen, je kälter sie werden, benötigt Eis mehr Platz als flüssiges Wasser, so dass ein Eiswürfel schwimmt. Ein Gefäß lässt sich ein wenig über

---

[27] Etwa 7,6 cm.

den Rand hinaus füllen, da das Wasser ein Häutchen bildet. Dieses trägt selbst eine metallene Münze, wenn sie nur vorsichtig genug daraufgelegt wird. Zudem ist die Temperatur, bei der Wasser zu kochen beginnt, ungewöhnlich hoch im Vergleich zu ähnlichen Flüssigkeiten. Alle diese Erscheinungen sind unentbehrlich für unser Leben und entstehen durch elektrische Kräfte.
Die Moleküle des Wassers haben die eigentümliche Besonderheit, dass sich ihre Ladungen nicht genau ausgleichen, sondern ein wenig gegeneinander verschoben sind. Ähnlich zu den beiden Polen eines Magneten ist jedes Wasserteilchen ein dauerhafter *elektrischer Dipol*. Dadurch wirken die Moleküle auf ihre Nachbarn ein, ständig führt ihr Wechselspiel zu neuen Gruppen, die sich aneinander ausrichten und gegenseitig anziehen. Diese Anziehung macht es vergleichsweise schwer, Wasserteilchen aus der Flüssigkeit zu entfernen. Viel Energie ist nötig, um sie zu verdampfen[28] oder einen Tropfen aus der Oberfläche zu lösen. Gleichzeitig erschweren es diese Kräfte, dass ein Funke oder Blitz das Wasser durchquert, man spricht von einer sehr hohen *Durchschlagfestigkeit*. Einzelne gelöste Ladungen können das Wasser hingegen sehr gut durchschwimmen. Im Unterschied zu festen Körpern ist es hier nicht nur den Elektronen, sondern allen Ionen möglich, sich zu bewegen. Selbst in reinstem Wasser zerfallen einige der Moleküle zu Ionen, so dass immer Ladungen gelöst sind. Werden zusätzliche Salze ins Wasser gegeben, zerfallen auch diese in positive und negative Ionen, welche die Leitfähigkeit drastisch erhöhen. Bereits normales Leitungswasser leitet tausende Male, das salzige Meerwasser millionenfach besser als reinstes Wasser. Diese Leitfähigkeit bewirkt, dass das Wasser Influenzwirkungen zeigt. Somit reagiert es viel empfindlicher auf die elektrischen Kräfte als andere Flüssigkeiten, wie Öle oder Spiritus. Besonders gut wird dies sichtbar, wenn ein geladener Stab oder ein an den Haaren geriebener Luftballon in die Nähe eines dünnen

[28] Ohne die elektrischen Kräfte würde Wasser nicht bei 100° C, sondern schon bei −80° C verdampfen.

Wasserstrahls gebracht wird. Ganz ohne eine Berührung wird dieser deutlich verbogen und abgelenkt[29]. LORD KELVIN nutzte diese Influenz des Wassers, um mit einem *Wassertropfengenerator* große elektrische Kräfte zu erzeugen: Durch die Influenzwirkung eines geladenen Körpers wurden die gelösten Ladungen in einem Wasserreservoir getrennt. An der negativen und der gegenüberliegenden positiven Seite lösten sich aus kleinen Öffnungen unterschiedlich geladene Tropfen und fielen in Faradaybecher, die mit jedem Tropfen weiter aufgeladen wurden. Dies gelang so lange, bis die herabfallenden Tropfen von den gleichartig geladenen Bechern so stark abgestoßen wurden, dass sie nicht mehr hineinfallen konnten. Gerade Wassertropfen zeigen noch ein weiteres, recht wundersames Phänomen. Wenn sie auf Hindernisse treffen und in feinere Tröpfchen zerstäubt werden, wird die Luft negativ aufgeladen, während das abfließende Wasser positive Ladungen trägt. Auch dieses Phänomen ist noch voller Rätsel, entsteht es doch aus einem komplizierten Wechselspiel geladener Ionen mit den Wassermolekülen am Rand der Tropfen. Normale Leiter verhalten sich wie Faraday-Käfige. Alle überschüssigen Ladungen sammeln sich an der Oberfläche, so dass im Inneren keine Kräfte mehr wirken. In Wassertropfen hingegen sammelt sich am Rand ein Überschuss der negativen Ionen, während der Kern des Tropfens positiv verbleibt. Durch einen Aufprall zerstäubt die äußere Hülle in winzige, negative Tröpfchen, die von der Luft aufgenommen werden, während der positive Kern überdauert. Diese Erscheinung sorgt für die Aufladung der Luft im Umkreis von Wasserfällen und spritzenden Bächen – eine

[29] Oft wird diese Reaktion des Wassers fälschlicherweise mit seinem Dipolcharakter erklärt. Die Polarisation ist aber viel zu schwach für eine so deutliche Reaktion. Daher zeigt sich der Effekt nur an einem durchgängigen Strahl leitfähigen Wassers und nicht an einzelnen Tropfen.

Umgebung, die von vielen Menschen vielleicht auch deswegen als sehr belebend wahrgenommen wird[30].

Es gibt viele weitere Flüssigkeiten, die bemerkenswerte Eigenschaften zeigen, wenn elektrische Kräfte auf sie einwirken. Öle stellen sich als sehr gute Isolatoren heraus, flüssige Metalle wie Quecksilber sind sehr gute Leiter und erzeugen die bereits beschrieben Leuchterscheinungen, wenn sie in dünner Luft an Glas reiben. Winzige Kristalle, die sich wie eine Flüssigkeit verhalten, haben Dipoleigenschaften genau wie das Wasser und richten sich daher in elektrischen Kraftfeldern aus. Sie werden unter anderem in Flachbildschirmen genutzt, um das Licht in jedem Bildpunkt zu dimmen. Am wundersamsten erscheint aber nach wie vor das Wasser. Es lassen sich flüssige Fäden daraus ziehen, die der Anziehung der Erde widerstehen. In seinen Tropfen ordnen sich die Ladungen anders an als in gewöhnlichen Leitern. Zudem werden fast alle Gegenstände, die mit reinem Wasser in Berührung geraten, schwach negativ aufgeladen. Seine Rolle bei der Entstehung von Gewittern ist längst nicht verstanden. Es gibt sogar Vermutungen, Wasser habe eine wichtige Funktion bei der Entstehung der elektrischen Kräfte im trockenen Sandsturm. Doch nicht nur wegen all seiner unbekannten Eigenarten, sondern schon wegen der bekannten, ist gewöhnliches Wasser die wohl ungewöhnlichste und magischste Substanz auf unserem Planeten.

[30] Nicht zuletzt kann dieser Effekt eine Rolle spielen bei der wichtigen Frage, warum ein Duschvorhang, auf den die negativen Ladungen treffen, von einem Körper in der Dusche angezogen wird.

Vom Versenden eines Funkens

DER elektrische Funke bewirkt mehr als unsere Sinne wahrnehmen können. Neben dem Aufblitzen, dem Knall und einem besonderen Geruch breiten sich Signale des Ereignisses bis in die Unendlichkeit aus.

Absichtlich wurden solche Signale zum ersten Mal von HEINRICH HERTZ erzeugt. Im Jahre 1886 hatte er zwei melonengroße Conduktorkugeln gut isoliert in einem Abstand von drei Metern aufgestellt. Von beiden Kugeln liefen gerade Drähte aufeinander zu, in der Mitte unterbrochen durch einen Spalt von wenigen Zentimetern. Ein starkes Induktorium lud die Kugeln unterschiedlich auf, bis die elektrische Kraft so groß wurde, dass sich die Ladungen durch einen Funken zwischen den Drähten ausglichen. Im abgedunkelten Labor ging HERTZ derweil mit einer eigentümlichen Apparatur umher. Sie bestand aus einem Draht, der auf einem Holzrahmen zu einem Kreis gebogen war. An der Stelle, wo sich die beiden Drahtenden fast berührten, ließ sich ihr Abstand mit einem Mechanismus sehr genau einstellen und durch ein angebrachtes Mikroskop beobachten. Durch dieses sah HERTZ Bemerkenswertes. Immer, wenn das große Induktorium einen Funken erzeugte, schlug auch ein winziger Funke unter dem Mikroskop über – auch dann noch, als beide Funkenstrecken viele Meter voneinander entfernt waren.

Wenn der große Funke überschlägt, strömen die Elektronen aus der negativ geladenen Kugel in jene mit dem Elektronenmangel. Genau wie eine Flutwelle schießen sie dabei über ihr Ziel hinaus, so dass nach der ersten Entladung zu viele Elektronen auf die vorher positive Kugel geflossen sind. Die Conduktoren haben ihre Ladungen vertauscht. Da das Plasma im Blitzkanal noch leitet, strömt die Elektronenwelle zurück in die erste Kugel, wobei sich das Spiel wie-

derholt und es zu einem Hin- und Herschwappen der Elektronen kommt. In den wenigen Sekundenbruchteilen, in denen die Funkenstrecke leitet, finden etliche solcher Schwingungen statt. Jedes Mal werden sie etwas schwächer, bis sich die Elektronen schließlich ausgeglichen haben und das Plasma vergeht.
Bei den Schwingungen wechseln sich elektrische Kräfte mit magnetischen Kräften ab. Die elektrischen sind dann besonders groß, wenn sich die Elektronen gerade in einer der Kugeln gesammelt haben. Dagegen sind die magnetischen Kräfte am stärksten, wenn sich alle Elektronen durch den Draht bewegen. Die schwingenden Kraftfelder breiten sich schnell wie das Licht als *elektromagnetische Wellen* im Raum aus. Irgendwann treffen sie auf die Elektronen im gebogenen Draht und bringen auch diese zum Hin- und Herschwingen. Die elektrischen Kräfte trennen Ladungen durch die Influenzwirkung, die magnetischen Kräfte unterstützen sie durch die Induktion. Dabei werden so viele Elektronen vor den Spalt der kleinen Funkenstrecke getrieben, dass sie auch dort sichtbar überschlagen. HEINRICH HERTZ hatte so die elektromagnetischen Wellen nachgewiesen, deren Existenz man bereits vorher anhand gründlicher Beobachtungen der elektrischen Kräfte und kluger Schlussfolgerungen vorhergesagt hatte. Er setzte seine „Untersuchungen über die Ausbreitung der elektrischen Kraft“[31] fort und es gelang ihm der Nachweis, dass sie von der gleichen Art wie Lichtstrahlen sind. Einzig die Schwingungen der Kraftfelder sind bei Licht einige Billionen mal schneller. Es ist erstaunlich, dass wir gerade solche extrem schnellen Schwingungen auf natürliche Weise messen und unterscheiden können: Sie zeigen sich uns als Farben des Lichtes.
Schon bald erkannten einige Tüftler die Bedeutung der Wellen. Mit empfindlicheren Empfängern, die ursprünglich für den Nachweis von Gewitterblitzen gedacht waren, gelang es, das Signal der Funken in immer größeren Entfernungen nachzuweisen. Besonders erfolgreich war GUGLIELMO MARCONI, der schon bald Sende-

[31] Der Titel eines Buches von HERTZ

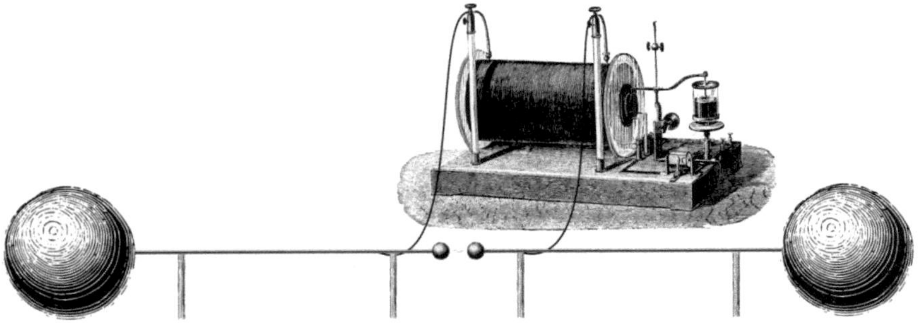

Abbildung 43: Jeder Funke zwischen den kleinen Kugeln lässt sich noch in großer Entfernung feststellen.

und Empfangsstationen an der Küste und auf Schiffen einrichtete, so dass diese in Küstennähe Nachrichten durch Morsezeichen austauschen konnten. Im Jahre 1901 nahm er seine größte Sendeanlage in Betrieb. Sie war im Stande, gewaltige Funken zu erzeugen. Dampfmaschinen trieben Generatoren an, um riesige, raumfüllende Batterien aus Leidener Flaschen aufzuladen. Sobald der *Funker* die Morsetaste drückte, entluden sie sich mit einem ohrenbetäubenden Knall durch eine Spule, an der hohe Antennen befestigt waren. Die Lautstärke solcher *Knallfunkensender* war derart hoch, dass sie noch in einigen Kilometern zu vernehmen waren und man scherzte, sie wären weiter zu hören als ihre Funkwellen reichten. Tatsächlich gelang es MARCONI aber, die Signale seiner Funken von der Küste Englands bis nach Nordamerika zu schicken.
Heute werden längst keine Funken mehr benötigt um die eigenen Gedanken um die Welt und weit darüber hinaus zu schicken – und doch sprechen wir noch immer von Rundfunk, Mobilfunk und Funknetzwerken. Die elektrische Kraft ermöglicht uns die Fernbedienung von Geräten und das Mitfiebern bei weit entfernten Sportereignissen genauso wie Gespräche mit Menschen überall auf der Welt.

Nur 180 Jahre sind zwischen GRAYS Entdeckung der Leiter und den ersten weltumspannenden Funkverbindungen vergangen. In dieser Zeitspanne voller Umbrüche konnten sich die Menschen verzaubern lassen von Kräften, die Kribbeln und Schocks auslösen, im Stande sind, zu töten, zu beleben und schemenhafte Leuchterscheinungen zu formen. Kräfte, die Feuer und Wind entfachen, Körper bewegen und schweben lassen, Wasserstrahlen lenken und Nachrichten an die entferntesten Orte tragen. Sie wurden mit gläsernen Kugeln und Stäben hervorgebracht, in Vorführungen betörte oft ein schwefliger Geruch, undurchsichtige Abfolgen von Bewegungen und rätselhafte Apparate in abgedunkelten Räumen ließen Phänomene zu Tage treten, die der Magie der vergangenen Jahrhunderte in nichts nachstanden. Auch durch solche sinnlichen Erfahrungen verbreiteten sich die neuen Entdeckungen so schnell und konnten die Stelle des alten Glaubens an Dämonen einnehmen.
In vielen weiteren Bereichen erlebten die Menschen dieser Zeit einschneidende Veränderungen. Es gelang, sich mit Ballonen und Flugzeugen in die Luft zu erheben, Impfungen schützten vor tödlichen Krankheiten, Eisenbahnen revolutionierten das Reisen, immer mehr Straßen und Häuser wurden beleuchtet, Telegraphen und frühe Telefone verbanden die Menschen, die ersten Kinos zeigten unterhaltsame Filme, Städte wuchsen in rasanter Geschwindigkeit. Und wie müsste einem Zeitgenossen GRAYS erst die heutige Welt erscheinen, voller Autos, Computer und Mikrowellenöfen? Alle diese Entwicklungen lösten ein, was sich die Menschen von der Magie erhofften: Schutz vor Krankheiten und Unheil, das Überwinden großer Entfernungen, Hilfe bei den kleinen Herausforderungen des Alltags. Doch müssen dafür keine Rituale und Dämonen beherrscht werden, sondern Techniken und Gerätschaften. So ist es wohl das Schicksal aller einst magischer Erscheinungen, zunächst großes Staunen und Faszination hervorzurufen, um schließlich, verborgen in Apparaturen, nützliche Dienste zu verrichten – und dabei immer weniger bemerkt zu werden.

Fünftes Kapitel

Vom Wirken der Wunder

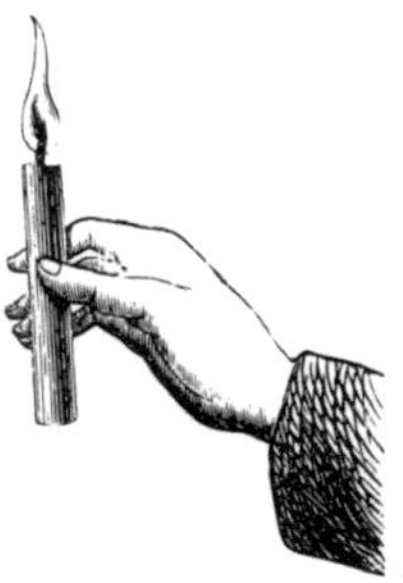

IM Jahre 1859 kam es auf der sturmumtobten Spitze der großen Pyramide von Gizeh zu einer bemerkenswerten Auseinandersetzung. In ihrem Verlauf gelang es einem der Kontrahenten, sich die Kräfte des aufgepeitschten Wüstensturms dienstbar zu machen und seinen Gegner mit Blitzen und Schlägen niederzuwerfen.
Sieger dieser Auseinandersetzung war der Erfinder und Industrielle WERNER VON SIEMENS, der eigentlich nur die gute Aussicht vom Gipfel der Pyramide genießen wollte. Während des Aufstiegs mit einer Gruppe von Ingenieuren, ein jeder begleitet von drei kräftigen Ägyptern, zog jedoch der Chamsin herauf – ein trockener und an jenem Tag ungewöhnlich kalter Sturm aus dem Süden, der das Niltal in einen undurchsichtigen gelben Schleier aus aufgewirbeltem Wüstenstaub hüllte. Sobald der Dunst die höchsten Stufen der Pyramide erreicht hatte, bemerkte die Gesellschaft ein sausendes Geräusch. Einige der Ägypter sprangen auf, hielten ihre Zeigefinger in die Höhe und ein „eigentümlich zischender Ton" war zu vernehmen. SIEMENS und die Ingenieure deuteten dies als elektrisches Phänomen und begannen, einige Versuche anzustellen. Bald gelang es ihnen, eine Weinflasche als Leidener Flasche zu nutzen und daraus Funken zu ziehen:

> Als ich eine gefüllte Weinflasche, deren Kopf mit Staniol bekleidet war, emporhielt, hörte ich denselben singenden Ton wie bei Aufhebung des Fingers. Während dessen sprangen von dem Etikett fortwährend kleine Funken zu meiner Hand über, und als ich darauf den Kopf der Flasche mit der anderen Hand berührte, erhielt ich eine heftige elektrische Erschütterung, während ein glänzender Funke vom metallenen Kopfe der Flasche in meine Hand übersprang. Es ist klar, daß die

durch den feuchten Kork mit der Metallbelegung des Kopfes der Flasche in leitender Verbindung stehende Flüssigkeit im Inneren derselben die innere Belegung einer Leydener Flasche bildete, während Etikett und Hand die abgeleitete äußere vertraten. Auch eine entkorkte Flasche lud sich auf gleiche Weise, namentlich dann, wenn die Öffnung gegen den Wind geneigt wurde, wie DR. ESSELBACH durch einen heftigen Schlag erkannte, den er empfand, als er dieselbe an den Mund setzte.

Als ich die äußere Belegung meiner Flasche durch Umhüllung derselben mit angefeuchtetem Papier aus unserem Proviantkorb vervollständigt hatte, wurde die Ladung derselben so stark, daß ich mich ihrer als einer sehr wirksamen Verteidigungswaffe bedienen konnte. Nachdem die Araber nämlich einige Zeit mit Verwunderung unserem Treiben zugesehen hatten, kamen sie zu der Überzeugung, wir trieben Zauberei und verlangten, wir sollten die Pyramide verlassen. Als ihre uns verdolmetschten Vorstellungen nichts fruchteten, wollten sie von dem Naturrechte des Stärkeren Gebrauch machen und uns mit Gewalt von der Spitze entfernen. Ich zog mich auf den höchsten Felsblock zurück und lud meine verstärkte Flasche möglichst kräftig, während der Führer der Araber meine Hand ergriff und mich von der erklimmten Höhe fortzuziehen begann. In diesem kritischen Augenblick näherte ich den Kopf meiner Flasche seiner Nase bis zur Schlagweite, die etwa 10 mm betragen mochte. Die Wirkung der Entladung überstieg meine kühnsten Erwartungen. Der Wüstensohn, dessen Nerven noch nie eine ähnliche Erschütterung empfunden hatten, fiel wie vom Blitz getroffen zu Boden, sprang darauf mit lautem Geheul wieder auf und verschwand mit einigen mächtigen Sprüngen aus unserem Gesichtskreise, gefolgt von seinen sämtlichen Genossen! Wir hatten nun volle Freiheit, unsere Experimente fortzusetzen. [21]

Abbildung 44: Siemens überwältigt den Anführer der Ägypter.

Der besondere Ort der Pyramidenspitze hat wohl auf mehrere Weisen zur beschriebenen Wirkung beigetragen. Seit jeher wurden Pyramiden als mystische Orte gesehen, gewaltige Symbole der Macht ihrer Erbauer, in denen die längst vergessene Kunst und Weisheit der alten Völker gebündelt ist. Als hoch aus dem Tal aufragende Spitzen bündeln sie aber auch die natürlichen elektrischen Kräfte an ihren Gipfeln zu solcher Stärke, dass sie dort zu manchen Zeiten ohne Mühe genutzt werden können.
In alter Zeit bestanden die Spitzen der Pyramiden aus einem *Pyramidion*, einem einzigen Stein, der ein verkleinertes, verdichtetes Abbild der großen Pyramide darstellte. Manchmal waren diese mit Inschriften verziert und es wird angenommen, dass sie, genau wie die Spitzen der nadelartig in den Himmel ragenden Obelisken, mit einer Goldlegierung überzogen waren, die seit der Antike bemerkenswerterweise *Elektron* genannt wird[32]. Solche metallenen Spitzen werden auch ohne das Zutun der Menschen den schimmernden Glanz des Elmsfeuers im Sturm gezeigt haben. Es wäre schon sehr erstaunlich, wenn die alten Ägypter in ihrer Jahrtausende währenden Geschichte diesen Effekt nicht bemerkt hätten. Ob sie ihn aber tatsächlich kannten oder sogar bewusst herbeiführten, kann man heute nur spekulieren.

Sehr gut um die Wirkung der Kräfte wussten hingegen die Ingenieure um SIEMENS. Durch Wissen und Geschick gelang es ihnen sogar, die im Sturm verborgenen Kräfte über das natürliche Maß hinaus zu steigern und mit ihnen ungewöhnliche und beeindruckende Wirkungen hervorzubringen. Sie vollbrachten also genau das, was von alters her als Ausüben der natürlichen Magie beschrieben wird. SIEMENS' Schilderung ist ein eindrucksvoller Bericht ei-

[32] Es wird vermutet, dass diese Bezeichnung von der bernsteinähnlichen Farbe herrührt. Die „moderne" Benennung der elektrischen Kraft nach den Effekten des Bernsteins führte WILLIAM GILBERT in seinem revolutionärem Werk *De Magnete* erst im Jahr 1600 ein, um die elektrischen von den magnetischen Erscheinungen zu unterscheiden.

Abbildung 45: Die leuchtende Pyramidenspitze ist ein bekanntes Motiv.

ner Magie, die ohne jede Täuschung und Illusion, ohne Dämonen und Geister wahrhaftige Wirkungen zeigt – hervorgerufen durch eigenes Handeln. So ist es nur verständlich und folgerichtig, dass die ägyptischen Begleiter das Schauspiel als Zauberei einschätzten. Doch waren ihnen die Hintergründe fremd und der Umgang mit den Kräften nicht geheuer. Sie dachten wohl eher an eine unheilvolle, dämonische Macht, welche die Pyramide und damit ihre Lebensgrundlage gefährdete, als an die Wunder der Natur, die man dort erleben konnte[33].

Die Beschreibung der *magia naturalis*, wie man sie schon in ZEDLERS Lexikon findet, ist sehr geschickt formuliert. Sie vermei-

[33] „Da das Wehen des Chamsin bald aufhörte und die Sonne die gefährdete Pyramide wieder hell beleuchtete, so erholten sich auch die Araber von ihrem Schreck und kletterten wieder zu uns in die Höhe, um der erhofften „Bakschisch" nicht verlustig zu gehen. Der Zauberei hielten sie uns aber offenbar auch beim friedlichen Abschiede noch für verdächtig." [22]

det eine direkte Aussage, was Magie ist. Stattdessen macht sie die Einordnung, ob eine Erscheinung die durch natürliche Kräfte hervorgebracht wurde magisch ist oder nicht, alleine vom Eindruck des Beobachters abhängig: Ein Phänomen ist dann magisch, wenn es als solches wahrgenommen wird, dem Betrachter „seltsam und ungewöhnlich“ erscheint. Zauberei ist das, was verzaubert. Die *magia naturalis* ist damit mehr als das bloße Hervorbringen von Effekten durch Naturkräfte. Zu ihr gehört ebenso die Fähigkeit, mit diesen Kräften zu verwundern und zu faszinieren – also eine psychologische Wirkung hervorzurufen, welche die Menschen in ihren Bann zieht.

Diesem Einfluss unterlagen auch die Ingenieure. Die Erscheinungen zogen sie so sehr in ihren Bann, dass sie den widrigen Umständen auf der Pyramide trotzten, nur um sie genauer zu ergründen. Sie waren derart fasziniert, dass sie dem Drängen der Ägypter nicht nachgaben und sogar körperliche Schäden riskierten. Im Gegensatz zu ihren einheimischen Begleitern würden sie das Erlebnis aber niemals als Magie bezeichnen.

Woher kommen diese grundlegend unterschiedlichen Einschätzungen? Es liegt nahe, sie dem großen Wissensvorsprung der Ingenieure zuzuschreiben. Doch selbst wenn sie die genauen Ursachen nicht gekannt hätten, wären sie wohl kaum vom Wirken höherer Mächte ausgegangen. Bereits im Jahr 1917 beobachtete der berühmte Soziologe Max Weber, dass die meisten Menschen sogar immer weniger über die Beschaffenheit und Funktion ihrer Umwelt wüssten, und dennoch immer weniger an übernatürliche Wirkungen glaubten:

> Wer von uns auf der Straßenbahn fährt, hat – wenn er nicht Fachphysiker ist – keine Ahnung, wie sie das macht, sich in Bewegung zu setzen. Er braucht auch nichts davon zu wissen. Es genügt ihm, daß er auf das Verhalten des Straßenbahnwagens „rechnen“ kann, er orientiert sein Verhalten daran; aber wie man eine Trambahn so herstellt, daß sie sich bewegt, da-

> von weiß er nichts. Der Wilde weiß das von seinen Werkzeugen ungleich besser.
>
> Wenn wir heute Geld ausgeben, so wette ich, dass [...] fast jeder eine andere Antwort bereit halten wird auf die Frage: Wie macht das Geld es, daß man dafür etwas – bald viel, bald wenig – kaufen kann? Wie der Wilde es macht, um zu seiner täglichen Nahrung zu kommen, und welche Institutionen ihm dabei dienen, das weiß er.
>
> Die zunehmende Intellektualisierung und Rationalisierung bedeutet also nicht eine zunehmende allgemeine Kenntnis der Lebensbedingungen, unter denen man steht. Sondern sie bedeutet etwas anderes: das Wissen davon oder den Glauben daran: daß man, wenn man nur wollte, es jederzeit erfahren könnte, daß es also prinzipiell keine geheimnisvollen unberechenbare Mächte gebe, die da hineinspielen, daß man vielmehr alle Dinge – im Prinzip – durch Berechnen beherrschen könne. Das aber bedeutet: *die Entzauberung der Welt*. Nicht mehr, wie der Wilde, für den es solche Mächte gab, muß man zu magischen Mitteln greifen, um die Geister zu beherrschen oder zu erbitten. Sondern technische Mittel und Berechnung leisten das. Dies vor allem bedeutet die Intellektualisierung als solche. [23]

Aufklärung und Wissenschaft haben in nur wenigen Generationen die Jahrhunderte alten Ansichten über der Welt völlig geändert. Noch einige Jahrzehnte vor SIEMENS hätten nur wenige an der Möglichkeit gezweifelt, dass Hexen ein Unwetter heraufbeschwören könnten, das Schicksal aus dem Verlauf der Gestirne vorhersagbar sei oder dass es Wesen wie einen Basilisken geben könne, dessen Blick seine Opfer versteinert. Die Menschen waren von so vielen für sie unverständlichen Dingen umgeben – warum sollte es in den Tiefen der Wälder, in fernen Ländern oder in der Anwesenheit rätselhafter Gestalten nicht noch weitaus fantastischere Erscheinungen geben? Merkwürdige Dinge erklärte man sich zuallererst mit dem Wirken übernatürlicher Wesen.

Doch hatte längst eine Rationalisierung begonnen, welche die Götter aus dem Elmsfeuer vertrieb und die Unwetterdämonen des Gewitters zu Schauergeschichten schrumpfen ließ. Einher ging sie mit wissenschaftlichen Untersuchungen, in deren Verlauf sich die Annahme natürlicher Gründe immer und immer wieder als richtig erwies. Kaum jemand kann inzwischen noch ernsthaft annehmen, dass Geisterwesen hinter merkwürdigen oder gar alltäglichen Dingen stecken[34]. Wir erzählen uns andere Geschichten über die Welt. Man glaubt nicht mehr an die Magie, sondern zuerst an die Wissenschaft. Dieses grundlegend andere Weltbild war die eigentliche Ursache, dass die Ingenieure ihr Erlebnis nicht als Magie bezeichnen würden – obgleich die Natur sie völlig in ihren Bann gezogen hatte.

Eine so dramatische und rasante Änderung der Weltsicht einer ganzen Gesellschaft bedeutet den vielleicht größten kulturellen Umbruch aller Zeiten. MAX WEBERS Diagnose der „Entzauberung der Welt“ ist berühmt geworden, weil sie ihn in vielerlei Hinsicht passend beschreibt. Sie liefert zum einen eine einprägsame Zusammenfassung der Beobachtung, dass die Welt nicht mehr durch willkürliche Geisterwesen erklärt, sondern als berechen- und beherrschbar angesehen wird. Zum anderen erfasst sie die Auswirkungen dieses Umbruchs auf uns: Auch wir Menschen sind immer weniger verzaubert. In einer weitgehend berechen- und beherrschbaren Umwelt erwarten wir keine Wunder mehr.

Für manche sind diese Folgen schockierend. Wenn das naturwissenschaftlich geprägte Weltbild der Natur ihre Seele nimmt, man sie als bloße Ansammlung zweckfreier Körper ansieht, die mechanisch miteinander interagieren, erscheint sie leer, kalt und unbarmherzig. Man kann mit der Natur nicht verhandeln, es ist sinnlos, Glück

[34] Niemand kann ernsthaft glauben, dass eine Straßenbahn oder die Himmelskörper von Dämonen bewegt werden. Nur beim Geld ist man sich nicht sicher.

oder Heilung zu erbitten, sie spendet weder Bedeutung, noch Trost oder Hoffnung. Übrig bleibt eine abstrakte, mechanische Beschreibung, kompliziert und emotionslos. Es ist gut nachvollziehbar, dass manche Menschen eine solche Natur nicht wahrhaben wollen. Sie suchen Halt in fundamentalem Glauben, fliehen in die Esoterik oder träumen sich in phantastischere Welten.

Überdies ist es nicht nur so, dass die Menschen in der Natur keine Wunder mehr erwarten – sie erleben auch immer weniger. In der zunehmend künstlichen Umgebung, in der sich unser Leben abspielt, verringern sich die Berührungspunkte mit den ursprünglichen Naturerscheinungen. Die Flamme des Feuers, Begleiter der Menschen über Jahrtausende, sorgt auch heute noch für warmes Wasser und geheizte Räume, doch ist sie unsichtbar verborgen in einem Heizkessel. Der Sternenhimmel wird in den Städten von Millionen Lichtquellen überstrahlt. Niemand kann dort Nordlichter oder einen Sternschnuppenschauer bemerken. Glücklicherweise muss heute kaum noch jemand die Gefahren eines Gewittersturms in freier Natur erleben, doch nehmen so auch die Sichtungen des Elmsfeuers ab. Tief im Inneren von Maschinen und Apparaten haben die Kräfte der Natur stärker denn je unseren Alltag erobert und doch sind sie unseren Sinnen immer weniger zugänglich.

Doch müssten nicht all die Gerätschaften, in denen solche Kräfte herrschen, an ihrer Stelle faszinieren? Würde ein Mensch von vor dreihundert Jahren in der heutigen Welt erwachen, voller Autos, Lampen, Flugzeugen, Impfungen, Computern, Mobiltelefonen und Mikrowellenöfen, er wäre wohl überwältigt von all diesen Wundern. Er sähe allerorts Magie, wo wir nur den normalen Alltag wahrnehmen[35]. Der Grund für unsere Blindheit liegt in einer der herausragendsten menschlichen Eigenschaften: Mit einer enormen Lernfähigkeit eigenen wir uns Techniken an, nehmen sie in unseren Alltag auf und gewöhnen uns an neue Dinge. Doch erscheinen

[35] So formulierte schon der Autor ARTHUR C. CLARKE das bekannte „Gesetz“, nach dem jede hinreichend fortschrittliche Technologie von Magie nicht zu unterscheiden sei.

damit auch gerade noch interessante und aufregende Entdeckung schon bald normal und gewöhnlich. Die physikalischen Wirkungen bleiben die gleichen, nicht aber die psychologischen.

Die Entzauberung der Welt ist zu einem guten Teil durch Ernüchterung, Entfremdung und Gewohnheit geprägt. Sie hat aber noch eine andere Seite. Die „verzauberte Welt" der Vergangenheit war keineswegs ein romantisch-verwunschener Ort. Man denke nur an die Angst und Hilflosigkeit im Angesicht von Blitzen und Hagelschauern, Missernten und Seuchen. Über Jahrhunderte wurde die Natur als Bedrohung angesehen, als gefahrenvolle Wildnis, die es zu bezwingen galt, die man durch die Zivilisation überkommen und beherrschen musste, durchdrungen von dunkeln Kräften, bösartigen Wesen und verführerischen Dämonen. Die Menschen sahen sich der Willkür übernatürlicher Mächte ausgeliefert. Dieser Glaube erforderte unzählige Opfer, verursachte sinnloses Leid und unnötige Furcht.

Der entzauberte, ungetrübte Blick auf die Welt konnte dies ändern. Ohne launenhafte Mittelwesen konnten sich die Menschen der Natur annähern und ihr wahres Wesen ergründen. Es gelang, mit ihr in einen Dialog zu treten, durch geschickte Experimente Fragen zu stellen und aus den stets aufrichtigen, wenn auch oftmals überraschenden Antworten neue Erkenntnisse zu gewinnen. Die Natur erwies sich als unbestechliche Richterin, vor der sich unsere Theorien verantworten müssen. Aussagen und Vermutungen können nur bestehen, wenn die Natur ihnen nicht widerspricht. Sie betrügt nie und lässt sich nicht betrügen. So konnten mehr und mehr Geheimnisse aufgedeckt und immer erstaunlichere Phänomene entdeckt werden. Die wahren Ursachen und Gefahren von Unwettern, Krankheiten und Missernten wurden erkannt und wirkungsvolle Gegenmaßnahmen entwickelt. Die Freiheit von übernatürlicher Willkür gab mehr Sicherheit.

Die Menschen konnten sich ein Stück weit aus der direkten Abhängigkeit von der Natur lösen und sie mit etwas Distanz und gleichzeitig extrem detailliert betrachten – und fanden überwältigende

Schönheit. Man staunte befreit über die Schönheit an der Oberfläche, lernte aber auch die Schönheit der Details kennen, der Zusammenhänge, der Symphonie aller Kräfte, des ganzen verborgenen Gewebes der Natur, welches sich langsam offenbarte. Wir mögen die Natur entzaubert haben, doch bezauberte sie uns Menschen nun mehr denn je. Landschaften und Natureindrücke, das Wilde und Ursprüngliche wurde erst jetzt zum Gegenstand der europäischen Kunst und Literatur. Es kamen aber auch Fragen nach der Verantwortung auf. Wenn die Menschen nicht Opfer göttlicher Willkür sind, müssen sie selbst die Verantwortung für ihr Handeln und dessen Auswirkungen auf die Umwelt übernehmen. Erst im Zuge der Entzauberung wurde die Wildnis als wertvoll und schützenswert erkannt.

Die Entzauberung der Natur von allem Dämonischen hat uns ermöglicht, ihre wahre Magie zu erkennen. Doch haben wir nicht einfach die dämonische Zauberei durch die natürliche Magie ersetzt. Obwohl die *magia naturalis* wahrhaftig, wirkmächtig und unergründlich ist, ohne weiteres starke Empfindungen wie von Schönheit, Ehrfurcht und Faszination auslösen kann, findet sie nur wenig Beachtung. Der Eindruck der Ernüchterung, Entfremdung und Gewohnheit ist übermächtig. Die Entzauberung geht so weit, dass Dinge für unmöglich gehalten werden, die es im Rahmen der Naturgesetze durchaus geben kann. Wirklich wundersame und fantastische Erscheinungen trauen viele der Natur heute nicht mehr zu.

Wenn zur Weihnachtszeit THEODOR STORMS berühmtes Gedicht „Knecht Ruprecht“ vorgetragen wird, mit den Worten

> Von drauß’ vom Walde komm ich her; ich muß Euch sagen es weihnachtet sehr! Allüberall auf den Tannenspitzen sah ich goldene Lichtlein sitzen... [24],

so werden diese Lichtlein meist nur im übertragenen Sinne gedeutet, als funkelnde, glitzernde Eiskristalle an den Bäumen. Kaum jemand zieht in Betracht, dass es sie wirklich geben kann, und sich beispielsweise die kleinen, funkelnden Entladungen des Elmsfeuers an den spitzen Baumkronen in der trockenen Winterluft zeigen. Ähnlich verhält es sich bei einer der bekanntesten Wundererscheinungen überhaupt. Sie hat nicht nur Eingang in Kunst, Musik und Literatur gefunden, sondern wurde sogar zum Zeichen vieler Glaubensgemeinschaften, wie der Kirche von Schottland oder der Reformierten Kirche Frankreichs. Überliefert ist sie im Buch Exodus der jüdischen Tora und der christlichen Bibel:

> MOSE aber hütete die Schafe JITROS, seines Schwiegervaters, des Priesters in Midian, und trieb die Schafe über die Steppe hinaus und kam an den Berg Gottes, den Horeb. Und der Engel des HERRN erschien ihm in einer feurigen Flamme aus dem Dornbusch. Und er sah, dass der Busch im Feuer brannte und doch nicht verzehrt wurde. Da sprach er: Ich will hingehen und die wundersame Erscheinung besehen, warum der Busch nicht verbrennt. Als aber der HERR sah, dass er hinging, um zu sehen, rief Gott ihn aus dem Busch und sprach: MOSE, MOSE! Er antwortete: Hier bin ich. [25]

Schon seit langem werden, auch von theologischer Seite, „rationalistische" Erklärungen für die Erscheinung gesucht. Es gibt einige spektakuläre Thesen, darunter die Annahme, es handle sich bei dem Busch um ein Gewächs wie den *Diptam*. Dieser setzt den hochentzündlichen Stoff *Isopren* frei. An windstillen Tagen kann sich das Gas entzünden und die Pflanze in eine Stichflamme hüllen – so kurz, dass sie dabei keinen Schaden nimmt. Diptam ist aber weder ein Dornbusch, noch hält die Erscheinung lange an. Stattdessen gehen die meisten Erklärungsversuche von der Idee aus, das lebendige Farbspiel eines feurig rot oder gelb blühenden Busches könne den Eindruck erweckt haben, er stünde in Flammen. Sie beschränken sich meist auf eine botanische Bestimmung des Gewächses.
Das Feuer, welches nicht verbrennt, wirkt so unglaublich, dass fast niemand erwartet, dass es in der Natur wirklich vorkommen kann.

Dabei ist ein Busch, idealerweise freistehend auf einem Berg und mit spitzen Dornen versehen, der nahezu ideale Ort, um ein wunderhaftes Elmsfeuer zu beobachten. Ein Phänomen, das häufig beschrieben wurde als spukhafte Flamme, die keinen Schaden hinterlässt. Die Gegend um den Berg Sinai, der heute oft mit dem Horeb in Verbindung gebracht wird, bietet durchaus Wetterbedingungen, bei denen die nötigen elektrischen Kräfte in der Atmosphäre auftreten können.

Kurioserweise kann eine elmsfeuerartige Büschelentladung sogar Töne, Klänge und Stimmen hervorbringen. Das sausende Geräusch, welches SIEMENS hörte, ein „Geräusch wie nasses Schießpulver“, das der Matrose auf dem Schiffsmast vernahm und das sogenannte „*Pickelsausen*“, welches Bergsteiger bei gewittriger Luft an den spitzen Teilen ihrer Kletterausrüstung bemerken, sind nur einige Beispiele für den natürlichen Klang der Erscheinung. Hervorgerufen wird er durch das Knistern Tausender, winziger Funken. Richtig orchestriert, können sie die Luft ganz gezielt in Schwingungen versetzten. Genau wie mit den zitternden Saiten einer Gitarre, der zuckenden Membran eines Lautsprechers oder den vibrierenden Stimmbändern eines Menschen lassen sich so eine Vielzahl von Klängen erzeugen.

Ein Gerät, welches im Stande ist, starke elektrische Kräfte in schnelle Schwingungen zu versetzen, wurde im Jahre 1891 von dem Erfinder NICOLA TESLA patentiert. Inspiriert von HEINRICH HERTZ' hin- und her schwingenden Elektronenwellen entwickelte er das Induktorium weiter. Statt ein paar Funken pro Sekunde, bringt seine *Teslaspule* ein Kraftfeld hervor, dass in jeder Sekunde mehrere hunderttausend Mal schwingt und sich dabei zu enormer Stärke aufschaukelt. Dabei entsteht nicht nur eine Entladung, die dem Elmsfeuer ähnelt. Das derart schnell schwingende Kraftfeld offenbarte neuartige Eigenschaften, die nie zuvor beobachtet werden konnten.

Bereits die gewöhnliche, nicht schwingende elektrische Kraft ist im Stande, Barrieren zu durchdringen. Auch hinter Mauern und Glas-

Abbildung 46: Busch im Elmsfeuer: Er steht in Flammen und wird doch nicht verzehrt.

scheiben wirkt sie noch auf Ladungen ein, zieht sie an oder stößt sie fort. Eine schnell schwingende Kraft kann dort aber noch weitaus mehr leisten. Große Mengen an Energie lassen sich mit ihrer Hilfe durch Hindernisse senden – was Tesla in magisch anmutenden Vorführungen präsentierte. Das Gas in einer völlig geschlossenen Glasphiole leuchtet hell und beständig, wenn sie nur in die Nähe einer Teslaspule gehalten wird. Motoren setzen sich im Kraftfeld in Bewegung, völlig ohne Kabel. TESLA war sogar in der Lage, Eisen bis zur Glut zu erhitzen, berührungslos durch Barrieren aus Glas oder Steinen hindurch.

Die Kraftwirkung einer Teslaspule ändert sich schneller als das menschliche Nervensystem auf sie reagieren kann. Wer einen solchen Apparat berührt, spürt keinen Schock, erfährt keine Warnung, während gewaltige Kräfte den Körper durchströmen und ihn in einen Koronaschimmer hüllen. Mit Leichtigkeit lassen sich dabei Blitze aus den bloßen Händen hervorschießen, während die Muskeln von innen langsam aufgewärmt werden. In frühen Vorführungen von Teslaspulen wurden solche spektakulären Effekte gerne gezeigt, inzwischen wird aber wegen der Gefahren für die Gesundheit aller Beteiligten darauf verzichtet.

Schließlich lässt sich mit moderner Technik die Größe und Intensität der Entladungen in schneller Folge verändern. Die pulsierende Plasmaflamme versetzt die Luft in Schallschwingungen, so dass die Flamme selbst – wenn gewünscht – tönen, singen und sprechen kann. Das natürliche elektrische Feld in der Atmosphäre zeigt jedoch keine solchen Schwingungen und wir Menschen sind nicht in der Lage, sie in ausreichend hohem Maße zu erzeugen, um einen Busch auf einen Berg in sprechende Flammen zu hüllen[36],

[36] Der Vatikan betrieb in der Nähe Roms starke Radiosender, um seine „fromme Botschaft“ um die ganze Erde zu senden. Anwohner konnten Gebete und Gesänge aber gelegentlich auch ohne Radio aus den Wasserleitungen, dem Kühlschrank oder dem Teekessel vernehmen, welche durch die hohe Sendeleistung in Schwingungen versetzt wurden. Solche Stimmen aus Teekesseln

so dass die biblische Geschichte ihre Mystik bewahren kann.

Die Welt ist durchdrungen von solchen Kräften und Erscheinungen. Sie bewirken nicht nur das Zusammenspiel aller Dinge, sondern wirken auch auf uns Menschen. Sie erschrecken, begeistern, überraschen, belustigen, verblüffen, verwundern, bezaubern – und werden doch übersehen. In der heutigen Welt ist die große Frage der *magia naturalis* daher nicht mehr, wie die Kräfte der Natur genutzt werden können oder welchen grundlegenden Gesetzen sie gehorchen – diese Aspekte sind inzwischen gut beantwortet – sondern vielmehr, was ihre faszinierende Wirkung auf die Menschen ausmacht, wie man sie bewahren und vergrößern kann.

---

sorgten in der Nähe mehrerer starker Sendeanlagen für Verwunderung und Einsätze von Geisterjägern.

Von gefährlichen Wirkungen

SCHON LICHTENBERG bemerkte: „Ein physikalischer Versuch, der knallt, ist allemal mehr wert als ein stiller“ [26]. Ganz in diesem Sinne wurde oftmals versucht, es mit Hilfe der Naturkräfte ordentlich krachen zu lassen. Gerade bei den elektrischen Erscheinungen rief man immer längere Blitze und immer größere Explosionen hervor, immer stärkere Schocks sollten die Menschen beeindrucken und begeistern. Doch bewegte man sich bereits im 18. Jahrhundert nah an der Grenze des Vertretbaren, ging häufig sogar darüber hinaus. Vor allem für Kinder und Menschen mit schwachem Herzen sind elektrische Schläge zu gefährlich, um sie leichtfertig einzusetzen. Es war wohl eher Glück als Sorgfalt, dass bei den meisten der bisher geschilderten Vorführungen niemand zu Schaden kam.
Blitze sind nach wie vor unberechenbar. Weder ihre Pfade, noch ihre genauen Auswirkungen lassen sich sicher vorhersagen. Wenn sie die Luft durchzucken, hinterlassen sie zudem einen unverkennbaren Geruch, der in früheren Zeiten oft als schweflige Ausdünstung beschrieben wurde. Er reizt die Atemwege und kann starke Kopfschmerzen verursachen. Silber und andere Metalle laufen in seiner Gegenwart an, einzig die edlen Metalle Gold, Platin und Iridium widerstehen ihm unbeschadet. Heute ist diese Substanz als *Ozon* bekannt. Die Energie der Blitzentladung reicht aus, die Sauerstoffmoleküle der Luft zu spalten, so dass dieses giftige Gas entsteht. Hoch in der Atmosphäre, wo es durch die Strahlen der Sonne ständig produziert wird, ist es uns als Ozonschicht sehr willkommen, da es vor intensiver Sonneneinstrahlung schützt. Auch in vielen technischen Anwendungen ist es von großem Nutzen, wie bei der Reinigung und Desinfektion, da es Geruchsstoffe, Keime und Bakterien angreift und zerstört. Die

menschliche Nase reagiert auf Ozon sehr empfindlich, so dass man bereits vor kleinsten, noch ungefährlichen Mengen gewarnt ist. Doch gewöhnt man sich schnell an den Geruch und nimmt ihn schon nach kurzer Zeit nicht mehr wahr. Neben solchen Gefahren, die sich noch direkt mit den Sinnen wahrnehmen lassen, gibt es jedoch auch weitaus tückischere, unmerkliche Gefahren, deren verheerende Auswirkungen sich womöglich erst viele Jahre später zeigen.

Es wird berichtet, dass am späten Abend des 8. November 1895 ein fünfzigjähriger Mann noch alleine in seinem dunklen Labor arbeitete. Er untersuchte Blitze im luftleeren Raum. Schon Jahre zuvor hatte man beobachtet, dass dort aus ihrer hellen, zackigen und verästelten Form ein unsichtbarer, gerader Strahl wird, der damals noch immer voller Rätsel steckte. So erzeugte an jenem Abend ein Induktorium in unablässiger Folge Entladungen entlang einer Funkenstrecke in einer luftleer gepumpten Glasröhre. Zufällig bemerkte der Wissenschaftler, dass ein in der Nähe liegendes Papier, bestrichen mit spezieller Farbe, zu leuchten begann, wenn die Apparatur eingeschaltet war – obwohl sich Hindernisse zwischen der Röhre und dem Papier befanden. Er vergewisserte sich sorgfältig, dass es tatsächlich die Röhre war, von der diese seltsame Erscheinung ausging. Weder dicker, schwarzer Karton, noch ein Buch oder ein Holzbrett konnten ihre Wirkung auf das Leuchtpapier merklich abschwächen, erst Metallbleche verringerten die Helligkeit deutlich. Schließlich hielt der Mann seine Hand zwischen die Röhre und das Papier. Auf diesem war ganz schwach ein Schatten der Hand zu erkennen, und darin, umso deutlicher, die Schatten der bloßen Knochen.

Konnte dies wahr sein, oder litt er unter Hirngespinsten? Fieberhaft begann der Wissenschaftler, die Entdeckung genauer zu untersuchen. Erleichtert erkannte er, dass er anstelle des Leuchtpapiers eine photographische Platte benutzen konnte um seine Eindrücke festzuhalten. Bald durchleuchtete er verschiedene Gegenstände. Verschlossene Kästen offenbarten ihren Inhalt auf den Photographien. Es gelangen sogar Aufnahmen durch Wände hindurch. Der Gelehrte aß nur noch im Labor, stellte sogar sein Bett dort auf, obwohl er nur ein Stockwerk darüber wohnte. Mit niemandem sprach er über seinen Fund, nur zu seiner Frau sagte er, man würde ihn vollends für verrückt erklären, wenn er berichtete, was er dort triebe. Doch das Gegenteil geschah. Als er nach einigen Wochen seine Untersuchungen veröffentlichte, brach eine nie dagewesene Lawine der Begeisterung los. Weltweit überschlugen sich Zeitungen mit Berichten über die „alles durchdringenden Strahlen“ mit denen man durch Wände, in verschlossene Truhen und vor allem in das Innerste eines lebendigen Menschen schauen konnte. Der Kaiser bat umgehend um eine persönliche Vorführung, während die Öffentlichkeit mit großer Euphorie fabulierte, welche Möglichkeiten die „Zauberstrahlen“ boten[37]. Die Neuigkeiten wirkten so fantastisch, dass die englische Zeitung „The Standard“ ihren Bericht mit der Versicherung schloss, dass es sich „bei der Entdeckung weder um einen Witz noch Humbug handelt, sondern um die ernsthafte Entdeckung eines ernsthaften Professors“.

Die erste und einzige öffentliche Vorführung dieser Strahlen durch ihren Entdecker wurde immer wieder durch begeisterten Jubel der Zuschauer unterbrochen. Der Höhepunkt war die Anfertigung der Photographie einer Hand. Als sie fertig entwickelt herumgereicht wurde, mit einem hervorragend sichtbaren Ehering, der um den Fingerknochen zu schweben schien, wurde der euphorische Vorschlag ausgesprochen, die neuen Strahlen nach ihrem Entdecker WILHELM CONRAD RÖNTGEN *Röntgenstrahlen* zu nennen. Bis heute werden sie in Deutschland und einigen östlichen Ländern so genannt, während sie im Rest der Welt so bezeichnet werden, wie RÖNTGEN sie selbst nannte: X-Strahlen.

---

[37] Viele Leute gingen fälschlich von der Annahme aus, man könne bald mit einer Art verbesserter Photokamera durch Wände gucken und machten sich Sorgen um ihre Privatsphäre. In England wurde sogar „undurchleuchtbare“ metallene Unterwäsche angeboten.

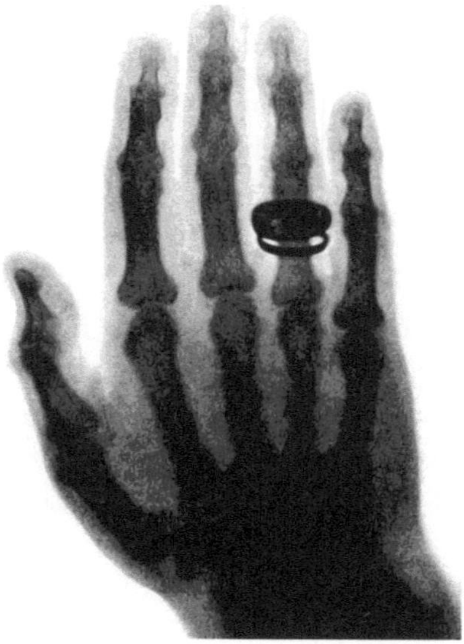

Abbildung 47: Die Hand des Geheimrats Albert von Koelliker.

Röntgen hatte so sorgfältig gearbeitet, dass in den nächsten zehn Jahren nichts Neues über seine Strahlen herausgefunden wurde. Dabei stürzten sich unzählige Wissenschaftler, Erfinder und Laien auf die Entdeckung. Röntgen hatte bewusst auf ein Patent verzichtet, die Gerätschaften waren in vielen Laboren vorhanden, so dass im Laufe eines Jahres über fünfzig Bücher und tausend weitere Veröffentlichungen zu der Entdeckung erschienen. Nicht nur Ärzte und der Zoll erkannten den großen Nutzen, das Durchleuchten wurde zum exklusiven Freizeitspaß und Spiel auf Feiern. Später konnte man selbst in zahlreichen Schuhgeschäften mit einem Röntgenapparat überprüfen, ob die Schuhe richtig passten, was Eltern gerade bei Kinderschuhen sehr schätzten[38].

Röntgen wusste noch nicht, dass der Blitz im luftleeren Raum ein Strahl aus Elektronen ist. Es sollte noch zwei Jahre dauern, bis das

[38] Die sogenannten *Pedoskope* waren in Deutschland bis zum Jahr 1973 im Einsatz.

Elektron als solches entdeckt wurde. Durch die große Kraft des Induktoriums wurden die Elektronen in der Röhre stark beschleunigt, aber anders als in den bunten Leuchtröhren gab es keine Gasteilchen, die sie abbremsen könnten. Sie schlugen mit solcher Wucht auf dem positiven Pol der Funkenstrecke ein, dass dort keine sichtbaren Lichtstrahlen entstanden, sondern viel energiereichere Röntgenstrahlen. Mit ihrer großen Energie können sie mühelos Dinge durchdringen. Sie passieren das Glas der Röhre, den Körper eines Patienten und zu großen Teilen auch den Leuchtschirm und die dahinterstehenden Beobachter. Der Anteil der Strahlung, der alle Gegenstände durchquert, ist dabei völlig ungefährlich. Doch der geringe Anteil, der die Körper nicht passieren kann, weil er vom Gewebe und den Knochen aufgehalten wird, gibt seine Energie dort ab und richtet großen Schaden an.

Ständig prasseln Strahlen dieser Art auf uns ein, die aus den Tiefen des Universums, aber auch aus der Erde selbst stammen. Die Zellen des Körpers haben sich daran angepasst und ausgeklügelte Reparaturmechanismen entwickelt. Ihr wichtigstes Gut, die Erbinformation, enthält jede Zelle in doppelter Ausführung, so dass sich Schäden beheben lassen. Selbst wenn beide Kopien beschädigt sind, stört dies die Funktion der Zelle meistens kaum – und wenn doch, kann eine abnormal arbeitende Zelle sogar von ihren Nachbarn ausgeschaltet werden. Erst wenn alle Maßnahmen fehlschlagen, kann sich ein bösartiges Krebsgeschwür entwickeln. Gerade bei jenen, die tausendfaches Leid mit Hilfe der Röntgenstrahlen gelindert haben und ihr täglich ausgesetzt waren, den Assistenten und Ärzten[39], kam es nicht selten zu schwersten Erkrankungen.

Obwohl der Gedanke, in das Innerste der Dinge zu schauen, auch heute nichts von seiner Faszination verloren hat, werden Röntgenstrahlen nur noch verwendet, wenn der Nutzen die Risiken deutlich übersteigt. Doch kann die Strahlung auch unabsichtlich erzeugt

[39] Und Schuhverkäufern.

werden, etwa bei scheinbar harmlosen Versuchen in dünner Luft[40] oder in kräftigen Blitzentladungen. Im Angesicht solcher Schadwirkungen ist die Erzeugung immer größerer Effekte einzig zur Steigerung der Faszination sicher nicht der richtige Weg.

[40] Schon das zügige Abrollen einer Rolle Klebeband im Vakuum erzeugt Röntgenstrahlen, die ausreichen, eine Röntgenphotographie der Handknochen anzufertigen.

Vom Geist der Wunder

Es gibt viele Ansichten, was Magie und was Wunder sein könnten. Verbreitet ist unter anderem die Erklärung, es handle sich dabei um eine Überschreitung von Naturgesetzen. Dies verkennt aber grundlegend das Wesen solcher „Gesetze“. Sie sind nämlich nur eine Zusammenfassung von unseren Kenntnissen, von Beobachtungen und Erfahrungen. Ein Naturgesetz, das wie auch immer überschritten wird, ist schlicht falsch gewesen und es gilt, ein besseres zu finden, welches die Eigenschaften und Möglichkeiten der Welt noch genauer wiedergibt. Ein Wunder würde demnach nur in jenen Momenten geschehen, in denen eine neue Entdeckung stattfindet, die das bekannte Weltbild auf überraschende Weise vergrößert.

Aus Sicht der *magia naturalis* ist eine solche Überschreitung der allgemeinen Erfahrung nicht notwendig. Es genügt, wenn eine natürliche Erscheinung ihre Beobachter ganz individuell in ihren Bann zieht. Dies kann durchaus vermittels kaum für möglich gehaltener Fähigkeiten und Erscheinungen der Natur geschehen, die Erfahrungen und Erwartungen der Beobachter übertreffen. Die daraus hervorgehende Faszination ist aber selten dauerhaft. Immer größer werdende Erwartungen lassen sich nicht beliebig oft übertreffen und neue Phänomene werden nur selten entdeckt.

Es gibt in der Natur aber auch Dinge, die von sich aus immer wieder aufs Neue faszinieren und deren Wirkung sich kaum abnutzt. Dazu gehören die Himmelsphänomene, wie die langsam wabernden Polarlichter, der feurig gerötete Abendhimmel während des Sonnenuntergangs oder auch die Erscheinung eines Regenbogens nach schwerem Sturm. Sie zeigen sich in majestätischer Form am Himmel, mit beeindruckender Größe und Farbenpracht, sind unerreichbar, variantenreich und selten genug, dass sie nicht völlig alltäglich werden. Sie liegen außerhalb unseres Wirkungskreises und sprechen ihre Betrachter nicht zuletzt durch symbolische Bedeutungen und Geschichten an, die ihnen seit alters her zugeschrieben werden – sah man sie doch oft als göttliche Zeichen an, Symbole des Unglücks oder der Hoffnung. Aber auch die alltäglichere Natur vermag die Menschen zu faszinieren. Dabei muss sie längst nicht so überwältigend wirken wie ein Blick in den klaren Nachthimmel mit seiner schier unendlichen Zahl an Sternen, in deren Angesicht man sich klein und verloren fühlen kann. Schon die fast unheimliche Stille einer verschneiten Winterlandschaft oder der warme Schein einer kleinen Kerzenflamme können auf ganz dezente Weise wahrhaft magische Momente hervorrufen.

Heute ist es nicht mehr besonders rational, eine Kerze anzuzünden. Sie verringert den Luftsauerstoff und erhöht dafür die Belastung durch Feinstaub wie auch die Feuergefahr in einer Wohnung beträchtlich. Aber dennoch schätzt man ihr warmes, flackerndes Licht. Mit ihrem Leuchten wird eine geborgene, gemütliche, auch romantische Stimmung verbunden, zusammen mit angenehmen Gefühlen und Erinnerungen. Kaum ein Gegenstand ist mit mehr Symbolik aufgeladen. Die Kerze erbt die Faszination des Feuers, von dem das menschliche Leben seit Jahrtausenden abhängt, das in seiner gezähmten Form Dunkelheit und Kälte vertreibt, Orientierung und Sicherheit bringt. Kaum eine Religion, kaum ein Ritus kommt ohne sie aus. In unzähligen Bräuchen sind Kerzen ein unverzichtbares Symbol des Lebens und der Freude. Dieser Eindruck nutzt sich nicht ab, ganz im Gegenteil wird er von vielen vermisst, wenn die Kerze nicht brennt. Die Wirkung einer Erscheinung wird meist weniger durch den nüchternen Sinneseindruck bestimmt, als durch die Bedeutungen, die ihr zugeschrieben werden. Geschichten, Erzählungen, Ideen und Symbole sind die wahren Geister und Dämonen. Sie sind es, die nach dem Tod als Erinnerung verbleiben, als Mythen die Stätten großer Ereignisse umschweben und als Visionen bedeutende Umbrüche begründen. Ohne eine greifbare Gestalt sind sie in der Lage, die Welt zu verändern[41]. Dabei leben sie nur in den Köpfen der Menschen, wirken nur durch deren Taten. Sie können Generationen überdauern, sich dabei dramatisch wandeln, zu gewaltiger Größe aufsteigen oder in Bedeutungslosigkeit und Vergessenheit vergehen. Sie erschaffen das Flair einer Stadt, die Aura eines stolzen Segelschiffs und den Wert des Goldes. Geschichten geben Bedeutung. Damit sind sie es, die wesentlich bestimmen, wie wir Sinneseindrücke einordnen und Erlebnisse interpretieren. Sie unterscheiden eine Burgruine von einem Haufen behauener Steine, eine Flagge von einem Stück Stoff, das Original von einer Kopie und letztlich eine seelenlose Welt von einem Ort voller Wunder.

Wir Menschen werden angetrieben von solchen Geistern, von Geschichten und Erfahrungen, von den täglichen Nachrichten, von allem Klatsch und Tratsch, der sich so hartnäckig im Gehirn einnistet, von Abenteuern und Schicksalsberichten, von Dramen und Krimis und von all den Emotionen, die sie auslösen. Wir leben in Geschichten und konstruieren aus ihnen unsere Welt. Umso verhängnisvoller ist es, wenn wir von einer entzauberten Welt reden, ohne zu betonen, wie viel Reichtum, Schönheit und Faszination wir entdecken können. Geradezu gefährlich ist es, die nüchterne, unpersönliche Fachsprache der Wissenschaften nicht in verständliche Erzählungen und lebendige Bilder zu übersetzen. In vielen Sprachen gibt es nicht einmal mehr die Worte, um neue Entdeckungen treffend zu beschreiben.

Am folgenreichsten ist aber die Mär, man müsse in unserer künstlichen Welt nichts mehr über das Wesen der Natur wissen, um sein Leben zu leben. Selbst politisch und wirtschaftlich, künstlerisch und kulturell sehr gebildete Menschen kokettieren häufig damit, von den Naturwissenschaften wenig zu verstehen. Es sind aber gerade diese Wissenschaften, die unsere Kultur und unseren Alltag entscheidend prägen, die unsere Lebensbedingungen definie-

[41] Als prominentes Beispiel: „Ein Gespenst geht um in Europa – das Gespenst des Kommunismus". Erster Satz aus dem „Manifest der Kommunistischen Partei" von KARL MARX und FRIEDRICH ENGELS, 1848.

ren. Wer an ihnen keinen Anteil nimmt, nimmt sich selbst die Möglichkeit, die Welt zu verstehen, die Zukunft zu gestalten und Fakten von Betrug zu unterscheiden. Wer sie nicht verstehen will, begibt sich in neue, selbstverschuldete Unmündigkeit. Gelegentlich wird von den Naturwissenschaften sogar als Bedrohung geredet, als Ursache der Entfremdung von der Natur, die einem besseren Leben im Einklang mit ihr im Wege stünden. Dies verkennt auf fatale Weise, dass wir nicht *zurück* zur Natur müssen. Wir müssen die wahre Natur überhaupt erst einmal kennen lernen. Das leistet die Naturwissenschaft.

Die Wissenschaftler trifft der Eindruck einer verlustreichen Entzauberung kaum. Ihnen sind nicht nur die alten Mythen und Erzählungen aus ihrem Fachgebiet bekannt. Sie kennen auch das Vergnügen, Dinge herauszufinden. Immer neue Fragen, unerwartete Rätsel, kunstvolle Lösungswege und die häufig verblüffenden Antworten begeistern sie selbst von den nüchternsten Forschungsfeldern. Sie können darin aufgehen, mit Kreativität, Intuition und in enger Zusammenarbeit neue Einblicke zu gewinnen. Sie sehen, dass die Natur kein unabänderliches Konstrukt aus Logik, Formalismen und Gesetzen ist, dem man hilflos gegenübersteht, sondern erkennen die Geheimnisse, erahnen die unerforschten Weiten und nutzen den unendlichen Raum für Phantasie und Spekulation. Darüber hinaus bringt die Wissenschaft ständig neue Erzählungen hervor. Berichte, die vermitteln, wie wundersam, kurios, vielfältig und rätselhaft die Natur ist, welche Macht ihren Kräften innewohnt und welche Wirkungen sie auf die Menschen haben; Gedankliche Leistungen von überwältigendem Genie, Geschichten von Entdeckern, den Umständen und Folgen ihrer Funde; Erzählungen von großem Glück, fatalen Rückschlägen und lehrreichen Verirrungen.

Mit einem gewissen Unverständnis blicken Wissenschaftler daher auf Vorwürfe, sie hätten etwa den Regenbogen entzaubert[42] oder

---

[42] Ein Vorwurf des bedeutenden englischen Dichters JOHN KEATS an ISAAC NEWTON.

könnten die Schönheit einer Blume nicht wertschätzen, weil sie alles auseinandernähmen, bis nur noch uninteressante Teile übrig blieben. Auf den entsprechenden Vorwurf eines Künstlers antwortete der bedeutende Physiker RICHARD FEYNMAN:

> Ich kann die Schönheit einer Blume würdigen. Gleichzeitig sehe ich viel mehr in der Blume, als er sieht. Ich könnte mir die Zellen darin vorstellen, die komplizierten Vorgänge im Inneren, die auch eine Schönheit haben. Ich meine, es ist nicht nur Schönheit in dieser Dimension, in einem Zentimeter, es gibt auch Schönheit in kleineren Dimensionen, die innere Struktur, auch die Prozesse.
>
> Die Tatsache, dass sich die Farben in der Blüte entwickelt haben, um Insekten zur Bestäubung anzuziehen, ist interessant; das bedeutet, dass Insekten die Farbe sehen können. Es wirft eine weitere Frage auf: Gibt es den ästhetischen Sinn auch in den niederen Formen? Warum ist es ästhetisch? Alle möglichen interessanten Fragen, welche die Kenntnis der Wissenschaft zur Begeisterung, zum Geheimnis und zur Ehrfurcht vor einer Blume nur hinzufügt. Sie fügt nur hinzu. Ich verstehe nicht, wie sie etwas abziehen sollte. [27]

Man muss kein Wissenschaftler sein, um solche Schönheit erkennen und bewundern zu können. Es reicht zu wissen, dass es sie gibt. Vielleicht, weil man sie gezeigt bekam oder sie sogar selbst entdeckt hat. Mit dieser Überzeugung wird man nach den Wundern der Natur Ausschau halten, sich vielleicht sogar auf die Suche nach ihnen begeben, besondere Orte aufsuchen, an ungewöhnlichen Stellen nachschauen oder gewöhnliche Dinge neu betrachten. Dabei wird man kaum enttäuscht werden. Überall lassen sich interessante Phänomene antreffen. Überall kann man durch sie Aufregendes, Überraschendes, Schauriges, Kurioses und Wunderschönes erleben.
Es ist die vielleicht am meisten unterschätzte Folge aus der Entzauberung der Welt, dass die Befreiung der Natur von Geistern und

Dämonen uns ermächtigt, selbst, ohne übernatürliche Hilfe, solche Eindrücke hervorzurufen. So mussten schon die Ingenieure auf der Pyramide keine Angst vor Übernatürlichem haben. Sie sind nicht geflohen, haben stattdessen die Erscheinung untersucht, ihr Wesen ergründet und sie zu ungeahnter Intensität gesteigert. Ihr Wissen um die Vorgänge hat ihr Interesse und ihre Bewunderung für die Kräfte der Natur nur vergrößert. Ihr entzauberter Blick auf die Natur hat es ermöglicht, dass die Natur sie derart verzaubern konnte. Die Magie der Natur erschließt sich nicht nur beim Betrachten. Sie offenbart sich vor allem, wenn man seine eigene Kreativität und Phantasie benutzt um mit den Kräften der Natur „seltsame und ungewöhnliche Wirkungen hervor zu bringen" – wenn man sich nicht nur verzaubern lässt, sondern mit ihrer Hilfe selbst bezaubert. Das ist die *magia naturalis*. Wir selbst können sie wirken. Wir selbst können sie auskosten.

Wie kann man eine bessere Ahnung vom Wesen dieser Welt bekommen, als wenn man selbst die Kräfte der Natur hervorholt? Wenn man allein durch die elektrische Kraft Dinge zum Schweben, leuchten und knallen bringen kann? Wenn man Blitze aufzucken lässt, die am Ort ihres Einschlags wunderschöne Muster hinterlassen, umwabert von schweflig riechenden Dämpfen, welche sogar Silber anlaufen lassen? Wir können Flammen erschaffen, die an Eisen und selbst an Eis züngeln. Die Kräfte sind im Stande, Wind zu entfachen und Brücken aus nichts als Wasser zu formen. Niemand wird daran gehindert, mit den Kräften der Natur Spaß zu haben, Blödsinn zu machen, Schönes zu erschaffen oder sie einfach nur zu bestaunen.

Heute ist es glücklicherweise einfacher als jemals zuvor, solche Phänomene hervorzubringen. Elektrizität steht jedem zur Verfügung, Elektrisiermaschinen lassen sich mit verhältnismäßig geringem Aufwand bauen und Kunststoffe bieten völlig neue Möglichkeiten. Ihre Eigenschaften können fein auf die Anwendung abgestimmt werden. So eignen sie sich hervorragend als Isolatoren und lassen sich durch Reibung untereinander weit stärker aufladen als die meisten natürlichen Substanzen. Wo man früher noch Baumharze schmelzen und polieren musste, um einen Elektrophor zu fertigen, genügt heute eine günstige Folie. Anstatt sie mit Tierfellen zu reiben, reichen übliche Stoffe aus. So ist eine Teflonscheibe, die mit einem Tuch oder einer Malerrolle aus Nylon überstrichen wird, viel wirkungsvoller als alle historischen Vorbilder. Auch lassen sich günstige Leuchtstoff- und Glimmlampen nutzen, um die elektrischen Kräfte sichtbar zu machen. Gerade die langen Leuchtstoffröhren reagieren so empfindlich, dass sie schon gut sichtbar schimmern, wenn sie nur an einem Schal gerieben, oder in der Dunkelheit unter einer Hochspannungsleitung in die Luft gehalten werden.

Vor allem solche Lampen verdeutlichen, wie allgegenwärtig die bemerkenswertesten Phänomene heute genutzt werden, um sich von alltäglichen Zwängen zu befreien, um das Leben bequemer und unbeschwerter zu gestalten. Die Nacht wird inzwischen von Millionen künstlicher Elmsfeuer erhellt. Sie scheinen in unzähligen Formen und Farben, vom orangefarbenen Natriumlicht, mit dem Zebrastreifen angestrahlt werden, über bunte Neonreklame bis zu den weißen Leuchtstoffröhren, die zuverlässig Industrieanlagen ausleuchten.

Die elektrische Pistole, welche im Barock die Menschen begeisterte, indem sie ein explosives Gasgemisch mit einem elektrischen Funken zur Detonation brachte, knallt heute jeden Tag milliardenfach. Als Funkenstrecke dient eine Zündkerze, welche das Benzin-Luft-Gemisch in Automotoren zündet. Einiger Aufwand ist nötig, das laute Knallen nicht nach außen dringen zu lassen. Bis vor einiger Zeit wurde der Funke sogar noch durch ein Induktorium[43] neben dem Motor erzeugt. Beständige Elektrete findet man als schwingende Membranen in den winzigen Mikrophonen, die in Mobiltelefonen verbaut werden. Dort gesellen sie sich zu einer Vielzahl weiterer Wunderwerke, wie Kristallen aus Sand, die für uns rechnen, Magnetfeld-, Licht- und Beschleunigungssensoren sowie leis-

[43] Alle Bauteile, ein Unterbrecher, eine Zündspule und ein passender Kondensator können noch immer als Ersatzteile bestellt werden.

tungsfähigen Funkanlagen – um nur einiges zu nennen, was inzwischen in eine Hosentasche passt. Man kann sich kaum oft genug vergegenwärtigen, wie wunderhaft diese Gerätschaften sind, welche verblüffenden Möglichkeiten sie bieten, wie viele geniale Ideen, Zufälle und Fleißarbeit zu ihrer Entstehung nötig waren und wie viele Geschichten hinter ihnen stehen.

Es gibt unendlich viele Möglichkeiten, erstaunliche Dinge zu vollbringen. Es lassen sich frei schwebende Kerzen fertigen, glimmende Figuren in die Luft zeichnen oder Apparaturen bauen, die wie durch Zauberhand allein durch das elektrische Kraftfeld der Erde in Bewegung gesetzt werden[44]. Noch nie hat sich ein Mensch mit einem Ionenantrieb in die Luft erhoben. Die knappsten Ressourcen sind nicht die Kräfte und Möglichkeiten der Natur, sondern die Phantasie und Kreativität von uns Menschen.

Wir müssen also nicht entfremdet von der Natur in einer künstlichen und langweiligen Welt leben. Wir können uns entscheiden, eine andere Sichtweise anzunehmen, die vor allem in der Wissenschaft verbreitet ist und viel zu wenig in die übrige Gesellschaft ausstrahlt. Wir können dem Trugbild einer entzauberten Welt in der es keine Wunder gibt, die Erzählung einer Natur voller wundersamer Erscheinungen, faszinierender Phänomene und bezaubernder Schönheit entgegensetzen. Zudem können wir die Kräfte der Natur nutzen, um mit ihnen selbst wahrhaftige natürliche Magie zu wirken und so die Faszination und das Wissen um die Wunder in die Welt hinaustragen.

[44] Der amerikanische Professor OLEG JEFIMENKO baute in den 1970er Jahren Motoren, die allein durch das Kraftfeld der Erde in Rotation versetzt wurden. Die dazu nötigen Flammsonden, oder sogar radioaktive Proben, welche genutzt wurden, um die Leitfähigkeit der Luft zu erhöhen, gaben aber weit mehr Energie in die Umgebung ab, als auf diese Weise gewonnen werden konnte.

An einem warmen Herbsttag betrat eine junge Frau den alten Marktplatz der Stadt Göttingen, nicht weit entfernt von jener Bibliothek, in der diese Erzählung begann. Sie richtete einen eigentümlich gewundenen, vibrierenden Stab auf den sogenannten Gänseliesel-Brunnen vor dem alten Rathaus. Zuerst gab sich das Wasserspiel unbeeindruckt, doch schon bald begannen die feinen Strahlen, sich abnormal zu bewegen. Sie fielen nicht mehr in einem Bogen nach unten, stattdessen krümmten und wanden sie sich. Immer weiter änderte sich ihr Lauf, bis die ersten Wasserstrahlen nicht mehr das Becken des Brunnens trafen, sondern neben ihm auf den Boden plätscherten. Die junge Frau kontrollierte den Fluss des Wassers, die Strahlen folgten ihren Bewegungen wie ein Orchester seinem Dirigenten. Bald blieben ersten Passanten stehen, völlig erstaunt im Angesicht dieser Erscheinung. Die Frau lächelte zufrieden.

Anhang

Zeittafel

Die Entwicklungen auf dem Gebiet der Elektrizität im 17. und 18. Jahrhundert wurden zu Gunsten einer thematischen Gruppierung nicht im historisch korrekten Zeitverlauf wiedergegeben. Die wichtigsten hier erwähnten Ereignisse wurden stark voneinander beeinflusst, wie man an folgender Zeittafel erkennen kann:

1600

William Gilbert unterscheidet in seinem Werk *De Magnete* magnetische von elektrischen Kräften. Letztere benennt er nach dem griechischen Wort für Bernstein, „elektron". Er erfindet das Versorium.

1663

Inspiriert durch Gilberts Terella fertigt Otto von Guericke seine Schwefelkugel.

1675

Jean Picard entdeckt durch Zufall das Barometerleuchten.

1706

Francis Hauksbee präsentiert Leuchterscheinungen in einer evakuierten Glaskugel und erfindet die Elektrisiermaschine mit Glaskugel.

1720

Stephen Gray präsentiert den „Schwebenden Jungen“, hat zuvor die Induktion, Leiter und Nichtleiter entdeckt.

um 1740

Nach dem Vorbild des schwebenden Jungen erfindet Georg Matthias Bose die „venus electrificata“, den Konduktor und die „Beatification“.

1745

Einer von Boses Versuchen führt zur Entdeckung der Leidener Flasche durch Ewald Georg von Kleist, die kurz darauf durch Pieter van Musschenbroek eingehend untersucht und popularisiert wurde.

1752

Blitzableiter-Experiment in Marly-la-Ville nach einem Vorschlag Benjamin Franklins.

1762

Johann Carl Wilcke beschreibt den Elektrophor, der später durch Alessandro Volta verbessert wird.

1775

Peter Christian Abildgaard reanimiert Hühner durch elektrische Schocks.

1777

Georg Christoph Lichtenberg entdeckt die Lichtenbergfiguren.

1789

Abraham Bennet beschreibt das Goldblatt-Elektroskop, die Flammsonde und den Verdoppler (bereits 1787 erfunden).

1831

Michael Faraday entdeckt die Induktion.

1836

Nicholas Callan entwickelt mit der Induktionsspule den Vorläufer des Funkeninduktors (Induktoriums).

1840

William Armstrong baut die Dampf-Elektrisiermaschine und entdeckt die schwebende Wasserbrücke.

1886

Heinrich Hertz gelingt der Nachweis elektromagnetischer Wellen.

1891

Nicola Tesla patentiert die Teslaspule, erfindet in der Folgezeit unter anderem die Funkfernbedienung.

1895

Willhelm Conrad Röntgen entdeckt die Röntgenstrahlen.

1901

Erste Transatlantische Funkverbindung durch Guglielmo Marconi.

Abbildungen

1	Der Heyne-Saal der Niedersächsische Staats- und Universitätsbibliothek Göttingen	14
2	„The Witch of Warboyse". Frontispitz aus Boulton, R.: *A compleat history of magick, sorcery and witchcraft*, London, 1715	17
3	Zahlreiche Unterteilung der *magia naturalis* im 18. Jahrhundert. Nach Quelle [1]	22
4	Ein Gewitter zieht herauf	36
5	Eruptionsgewitter bei Vulkanausbruch	38
6	Elmsfeuer an den Masten eines Segelschiffes	40
7	Guerickes Schwefelkugel. Aus: Guericke, O.: *Experimenta Nova Magdeburgica*, Amsterdam (1672)	54
8	Hauksbees Glaskugel	57
9	Elektrisiermaschine von Hauksbee. Aus: Hauksbee, F.: *Physico-Mechanical Experiments On Various Subjects*, London (1709)	58
10	Der schwebende Junge	60
11	Ein geladener Stab zieht Papierschnipsel an	62
12	Die Große Elektrisiermaschine in Teylers Museum zu Haarlem	64
13	Die Leydener Flasche: Kleist experimentiert mit Alkohol	65
14	Verschiedene Leydener Flaschen	66
15	Zwei Lichtenbergfiguren	70
16	Eine große Lichtenbergfigur	71
17	Ein Elektrophor mit Katzenfell	74
18	Aufladen zweier Gegenstände durch Influenz in einem Kraftfeld	75

19 Aufladen eines Gegenstands in einem Kraftfeld durch Erden 76
20 Das Prinzip der Verdopplung. Aus: Bennet, A. und Kaye, R.: *An Account of a Doubler of Electricity [...]*, Philosophical Transactions of the Royal Society of London 77 (1787) 77
21 Eine Influenzmaschine nach Wimshurst 77
22 Der Spitzeneffekt 81
23 Der Faradaybecher 83
24 Der Bandgenerator 84
25 Das Induktorium 86
26 Elecktrisiren für 1 Schilling. Nach C. Suhr: Der Hamburger Ausruf, Blatt 13, 1808. 90
27 Der erschütterndernde Kuss der *venus electrificata* 93
28 Zünden einer elektrischen Pistole 94
29 Das Blitzableiter-Experiment von Marly 97
30 Donnerhäuser zur Demonstration des Blitzableiters 98
31 Durch Blitzableiter geschütztes Gebäude 99
32 Pflanzen werden mit elektrisiertem Wasser besprüht 104
33 Das Elektrische Ei 112
34 Entzündung des *spiritus vini* 114
35 Der Ionenwind an einer geladenen Spitze bläst eine Kerze aus 118
36 Ein elektrisches Glockenspiel 120
37 Das Versorium von Gilbert 121
38 Messgeräte und Spielzeuge 122
39 Ein Spitzenrad als Rückstoßmotor 123
40 Ein schwebender Käfig im Kondensator 125
41 Ein elektrischer Flügel 126
42 Die Dampf-Elektrisiermaschine 131
43 Der erste Funksender nach Hertz 139
44 Ein Duell auf der Pyramide 145
45 Die leuchtende Pyramidenspitze 147
46 Der Busch im Elmsfeuer 156

47 Röntgenaufnahme der Hand des Geheimrats Albert von Koelliker 162

Literaturhinweise

Die gekennzeichneten Zitate sind entnommen aus:

[1] Zedler, J. H. (Hrsg.): *Grosses vollständiges Universal-Lexicon Aller Wissenschafften und Künste* (Band 19). Halle und Leipzig, 1737.

[2] Kämtz, L. F.: *Lehrbuch der Meteorologie*. Gebauer, Halle, 1832.

[3] Rieß, P. T.: *Die Lehre von der Reibungselektrizität*. August Hirschwald, Berlin, 1853.

[4] Sponholz, J. G.: *Nützliche Beiträge zu den neuen Strelitzer Anzeigen* vom 7. März 1770.

[5] Hartwig, G.: *The aerial world: a popular account of the phenomena and life of the atmosphere*, Longmans, Green, and Co., London, 1881.

[6] Francis, G.: *Electrical Experiments*. London, 1844.

[7] Hauksbee, F.: *Physico-Mechanical Experiments On Various Subjects. containing an account of several surprizing phenomena touching light and electricity, producible on the attrition of bodies*. London, 1709

[8] Lichtenberg, G. C. und Krafft, F. (Hrsg.): *Physikvorlesungen Nach J. Chr. P. Erxlebens Anfangsgründen der Naturlehre – Aus den Erinnerungen von Gottlieb Gamauf*. Marix Verlag, Wiesbaden, 2007.

[9] Lichtenberg, L. C. und Kries, F. (Hrsg.): *Georg Christoph Lichtenbergs vermischte Schriften* (Band 9). Dieterich, Göttingen, 1806.

[10] Faraday, M.: *Experimental Researches in Electricity. – Eleventh Series.* Philosophical Transactions of the Royal Society of London 128 (S. 1–40), 1838.

[11] Erxleben, J. Chr. P.: *Anfangsgründe der Naturlehre, 6. Aufl., mit Zusätzen von G. C. Lichtenberg* (S. 490). Göttingen, 1794.

[12] Bose, G. M.: *Die Electricität nach ihrer Entdeckung und Fortgang mit poetischer Feder entworfen* (S. XXX). Wittenberg, 1744.

[13] Driscol, T. E.; Rantoff, O. D. und Nygaard, O. F.: *The Remarkable Dr. Abildgaard and Countershock: The Bicentennial of His Electric Experiments of Animals*. Annals of Internal Medicine 83, (S. 878–882), 1975.

[14] Winkler, J. H.: *Die Eigenschaften der electrischen Materie und des electrischen Feuers aus verschiedenen neuen Versuchen erkläret, und, nebst etlichen neuen Maschinen zum Electrisieren, beschrieben von Johann Heinrich Winklern*. Leipzig, 1745.

[15] Herzt, H.: *Über die Beziehung zwischen Licht und Elektrizität – Rede vor der 62. Versammlung deutscher Naturforscher und Ärzte in Heidelberg*, 20. September 1889.

[16] Bose, G. M.: *Die Electricität nach ihrer Entdeckung und Fortgang mit poetischer Feder entworfen* (S. XXXIII). Wittenberg, 1744.

[17] Wesley, J.: *The Journal of the Reverend John Wesley, A. M.*, Eintrag vom 16. Nov. 1747.

[18] Hiller, J.: *Two Lectures on Electricity*, 1757

[19] Franklin, B.: *Memoirs of Benjamin Franklin*. McCarthy & Davis, Philadelphia, 1834.

[20] Armstrong, W. G.: *Electric Movement in Air and Water with Theoretical Inferences*. Smith, Elder & Co., London, 1897

[21] von Siemens, W.: *Beschreibung ungewöhnlich starker elektrischer Erscheinungen auf der Cheops-Pyramide*. Annalen der Physik und Chemie 109 (S. 355–359), 1860.

[22] von Siemens, W.: *Lebenserinnerungen*. Julius Springer, Berlin, 1892.

[23] Weber, M.: *Geistige Arbeit als Beruf. Vier Vorträge vor dem Freistudentischen Bund*. Erster Vortrag „Wissenschaft als Beruf", 1919.

[24] Storm, T., *Gedichte*. Gebrüder Paetel, Berlin, 1889 (Entstehungsdatum 1862).

[25] Exodus 3,1-5. Die Luther-Bibel, Revision 1984.

[26] Lichtenberg, G. C.: *Sudelbuch F* (Eintrag 1147). Göttingen, 1776–1779.

[27] Feynman, R. P.: Interview in der BBC Dokumentationsreihe *Horizon*, Serie 18, Episode 9: *The Pleasure of Finding Things Out* vom 23. November 1981. Ähnlich in Feynman, R. P.: *What Do You Care What Other People Think?*, W. W. Norton, 1988.

In dieses Buch sind zu den oben genannten Quellen bewusst und unbewusst zahllose weitere eingeflossen. Einige besonders reichhaltige, originelle und hilfreiche Quellen möchte ich hier auflisten. Bei der Geschichte der Magie und ihrer immensen Bedeutung für die

Entwicklung der Naturwissenschaften habe ich insbesondere zurückgegriffen auf

- Thorndike, L.: *A history of magic and experimental science* (Band 2). The Macmillan Company, 1923.

- Shumaker, W.: *The Occult Sciences in the Renaissance: A Study in Intellectual Patterns*. University of California Press, Berkeley, Los Angeles, London, 1979.

- Daxelmüller, C.: *Zauberpraktiken: Die Ideengeschichte der Magie*. Albatros Verlag, Düsseldorf, 2001

- Hochadel, O.: *Vom Wunderwerk zur Aufklärungsschrift: Die Wandlungen der Magia naturalis des Johann Nikolaus Martius im 18. Jahrhundert*. Physica et historia. Festschrift für Andreas Kleinert zum 65. Geburtstag, Wissenschaftl. Verlagsgesellschaft, Stuttgart, 2005

Viele weitere Werke von OLIVER HOCHADEL befassen sich mit dem Themengebiet dieses Buches, wie natürlicher Magie, Blitzableitern oder umherziehenden Elektrisierern, darunter

- Hochadel, O.: *Aufklärung durch Täuschung? Die Natürliche Magie im 18. Jahrhundert*. Berichte zur Wissenschaftsgeschichte 27 (S. 137–147), 2004.

- Hochadel, O.: *Die Wandermänner der Wissenschaft: Das Staunen in bare Münze verwandeln*. Kultur und Technik (S. 42–47), 2005

- Hochadel, O.: *The Business of Experimental Physics: Instrument Makers and Itinerant Lecturers in the German Enlightenment*. Science & Education 16 (S. 525–537), Springer-Verlag, 2007.

- Hochadel, O.: *Öffentliche Wissenschaft: Elektrizität in der deutschen Aufklärung*. Wallstein Verlag, Göttingen, 2002.

Gerade das letztgenannte Werk bietet einen hervorragenden Einblick in die spektakuläre Vermittlung der neuartigen elektrischen Kräfte. Eine weitere großartige Übersicht über die Entwicklung der Elektrizität und der Physik liefert

- Heilbronn, J. L.: *Electricity in the 17th and 18th Centuries: A Study in Early Modern Physics*. Dover Publications, Mineola, New York, 1999.

Weitere detaillierte Einblicke in die Entwicklung und Bedeutung des Blitzableiters findet man unter anderem in

- Möhring, C.: *Eine Geschichte des Blitzableiters: Die Ableitung des Blitzes und die Neuordnung des Wissens um 1800*. Bauhaus-Universität Weimar, 2005.

Sehr schöne Beschreibungen zu den Wundern in der Atmosphäre lassen sich nachlesen in

- Hartwig, G.: *The aerial world: a popular account of the phenomena and life of the atmosphere*. Longmans, Green, and Co., London, 1881.

Zu den Rekorden für Blitzlänge und -dauer, siehe

- Lang, T. J. et al.: *WMO World Record Lightning Extremes: 2 Longest Reported Flash Distance and Longest Reported Flash Duration*. Bulletin of the American Meteorological Society, 2016.

Hintergründe zu den vergoldeten Pyramidionen sind selten zu finden, unter anderem aber in

- Hawass, Z. et al.: *The Old Kingdom pyramidion: did it exist and was it cased in gold?*. Hommages à Fayza Haikal, Institut français d'archéologie orientale du Caire 138 (S. 111–123), 2003

Stichwortverzeichnis

Aschetrekker, 47

Balloelektrizität, 43
Bandgenerator, 83
Barometer, 55
Barometerleuchten, 56
beatification, 110
Bernstein, 48
Blitz, 35
Blitzstange, 95, 119
Brennender Busch, 154

Conduktor, 63

Defibrillator, 102
der schwebende Junge, 59
Diamagnetismus, 26
Diptam, 154
Donner, 35
Donnerhaus, 96
Durchschlagfestigkeit, 133
Dämonen, 14

Elektret, 69
elektrische Luftbad, 103
elektrischer Dipol, 133
Elektrisiermaschine, 62
Elektrocyten, 45
Elektrofeldmeter, 84
Elektromagnet, 85
elektromagnetische Kraft, 26
Elektrometer, 122
Elektron, 146
Elektronen, 70
Elektrophor, 74
Elektroskop, 122
Elmsfeuer, 39
Entladung, 36
Entzauberung der Welt, 148
Erden, 73

Faraday-Becher, 82
Faraday-Käfig, 82
Feldmühle, 84
Flammensonde, 116
Fulgurit, 36
Funkeninduktor, 86
Funker, 139

Gewitter, 35
Gravitation, 25

Harzkuchen, 68
horror vacui, 55

Induktorium, 86
Influenz, 61, 73
Influenzmaschine, 76

Ionen, 108
Ionenstrahltriebwerk, 126
Isolator, 31
Isolatoren, 61
Isopren, 154

Kammerflimmern, 102
Kernkräfte, 26
Kleistsche Flasche, 64
Knallfunkensender, 139
Kolophonium, 68
Kompass, 27
Kondensator, 64
Korona, 110
Koronamotoren, 123

Leiter, 31, 61
Leydener Flasche, 64
Lichtenbergfiguren, 72
Lifter, 126
Lumineszenz, 109

Magnet, 26
Mastix, 68
Monopol, 69
Multiplikation, 76

Nichtleiter, 31

Ozon, 159

Pedoskop, 162
Pickelsausen, 80, 155
Piezoelektrizität, 48
Plasma, 108
Polarisation, 72
Pyramidion, 146
Pyrocumulus, 37
Pyroelektrizität, 47

Röntgenstrahlen, 160, 161
Rückstoß, 123
Rückstoßmotor, 123

Sandsturm, 37
Schellack, 68
Siegellack, 68
Sonnenwind, 112
spiritus vini, 113
Spitzeneffekt, 80
Spitzenrad, 123
Spule, 85
Supraleiter, 85

Terella, 53
Teslaspule, 155
Triboelektrischen Reihen, 49
Triboelektrizität, 49
Turmalin, 47

Ursuppe, 103

Vakuum, 55
Venezianisches Terpentin, 68
venus electrificata, 92
Verdopplung, 76
Versorium, 121
Vulkan, 37

Wassertropfengenerator, 134

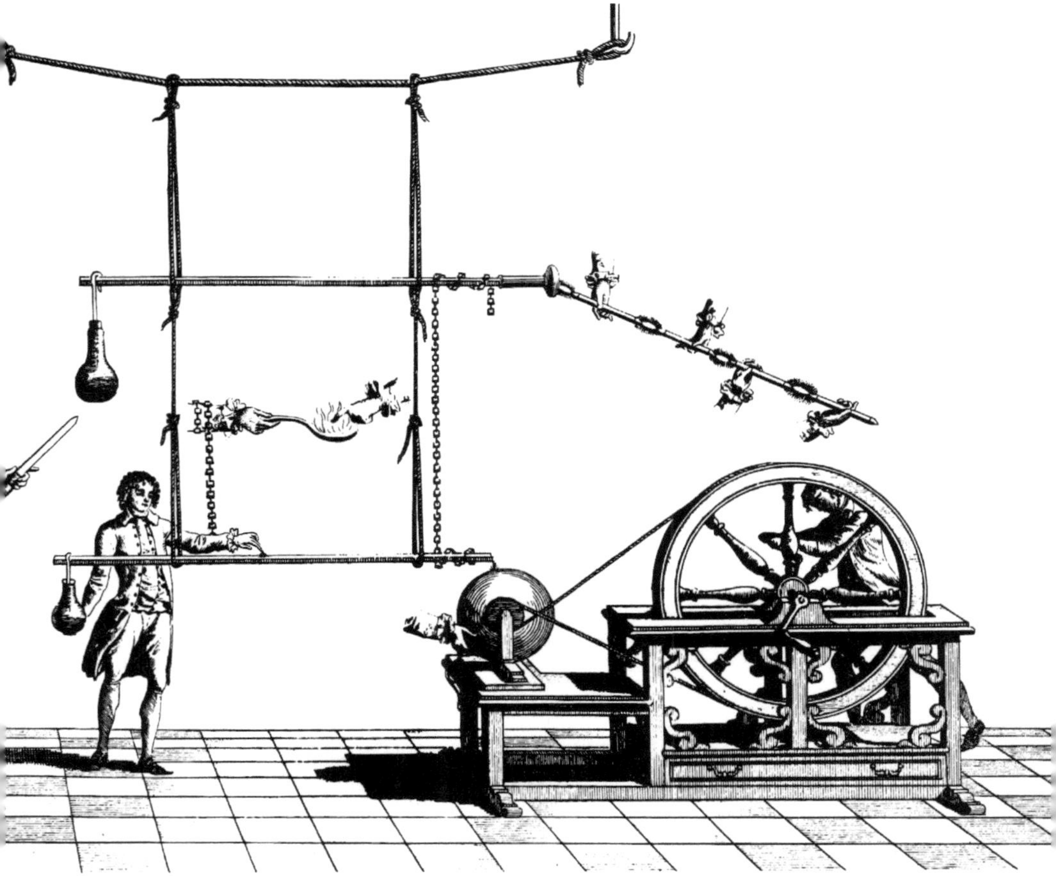